高等职业教育土木建筑类专业新形态教材

土建类专业毕业设计指导教程

主　编　姚　荣　史晓燕
副主编　尹继明　高　云
参　编　张迎春
主　审　王　欣

北京理工大学出版社
BEIJING INSTITUTE OF TECHNOLOGY PRESS

内 容 提 要

本书根据土建类专业毕业生完成毕业设计的需要而编写，同时也兼顾了在职工程技术人员的工作需求。全书包括毕业设计概述，施工方案及创新性论文，工程预算书（清单计价）编制，单位工程施工组织设计四个模块。

本书可供高职高专院校土建类相关专业应届毕业生使用，也可供土木工程施工技术和相关管理人员参考使用。

版权专有　侵权必究

图书在版编目（CIP）数据

土建类专业毕业设计指导教程／姚荣，史晓燕主编．—北京：北京理工大学出版社，2020.3（2020.4重印）

ISBN 978-7-5682-8218-5

Ⅰ.①土⋯　Ⅱ.①姚⋯②史⋯　Ⅲ.①土木工程—建筑设计—毕业实践—高等学校—教材　Ⅳ.①TU2

中国版本图书馆CIP数据核字（2020）第037339号

出版发行／北京理工大学出版社有限责任公司	
社　　址／北京市海淀区中关村南大街5号	
邮　　编／100081	
电　　话／（010）68914775（总编室）	
（010）82562903（教材售后服务热线）	
（010）68948351（其他图书服务热线）	
网　　址／http://www.bitpress.com.cn	
经　　销／全国各地新华书店	
印　　刷／天津久佳雅创印刷有限公司	
开　　本／787毫米×1092毫米　1/16	
印　　张／9.5	责任编辑／时京京
字　　数／115千字	文案编辑／时京京
版　　次／2020年3月第1版　2020年4月第2次印刷	责任校对／刘亚男
定　　价／32.00元	责任印制／边心超

图书出现印装质量问题，请拨打售后服务热线，本社负责调换

前言

《土建类专业毕业设计指导教程》以技术技能的训练为重点，对毕业设计这项重要的实践环节进行了系统的改革和全面的探索。在编写过程中，力求认真总结土建类专业多年来的毕业设计指导经验，采取多元化的方式将理论与实践完美结合。

目前，土建类专业毕业设计指导教材相对较少，大多数毕业设计指导教材以结构设计为主，而一般大专院校土建类专业学生毕业后到设计单位从事设计工作的人员越来越少。基于此，为了提高毕业设计质量，编者在总结若干年毕业实践指导实战经验的基础上，也考虑到专业指导教师和学生的需要，编写了本教材。

本教材主要具有如下特色：

1. 突出高等职业教育以市场需求为导向的特色，在理论与实践兼顾的基础上做到把实践放在首位，以保证对高职学生实践能力的培养。体现高职教育对技能型、应用型人才培养的具体要求，满足了土木工程一线技术与管理工作的需要，做到了实际、实用、实效，突出了教材的应用性。

2. 融入核心能力培养的内容。在本教材编写过程中，把自我学习、与人交流、与人合作、解决问题、创新和外语应用、计算机应用等能力有机地嵌入其中，突出高职教育的能力目标，同时强化了"规范意识"，并贯穿于教材编写的过程中。

3. 吸收了最新成果。根据毕业设计要求，采用不同类型的毕业设计成果形式，及时吸收了最新的科技成果，并通过介绍新材料、新工艺、新技术等，保证了设计内容始终紧跟建筑业发展的步伐。另外，本教材就文字角度而言，力求通俗易懂，新颖活泼；就版面编排角度而言，力求图文搭配，版式灵活。

本书由扬州市职业大学姚荣、史晓燕担任主编，由尹继明、高云担任副主编，江苏扬建集团有限公司张迎春参与了本书的编写工作。具体编写分工为：模块2和模块4由姚荣主编，模块1和模块3由史晓燕主编，尹继明指导并提供2.3.2道桥工程方向施工方案实例、2.5.2麦秸秆沥青混合料配合比设计及路用性能研究、4.4施工组织设计实例（道桥工程方向），高云对模块2和模块3中实例格式做了进一步修改完善，张迎春在本书的编写中提出了合理的技术建议。全书由姚荣校核统稿，由扬州市职业大学王欣主审。本书编写过程中得到已经毕业并走上工作岗位的学生蒯青、许向伟、张可可、张浩、崔祥丽、郑典元、王宜新的大力支持，在此表示衷心的感谢，还要感谢常州大学朱平华教授和扬州技师学院王思源教授对本书编写工作所做的指导。

由于编写时间仓促，编者水平有限，教材中难免有不足之处，恳切希望读者批评指正。

编　者

目 录

模块1　毕业设计概述 ································ 1
1.1　毕业设计的目的和作用 ···················· 1
1.2　毕业设计成果类型及基本要求 ········ 2
 1.2.1　专项施工方案 ··························· 2
 1.2.2　工程预算书 ······························· 2
1.3　毕业设计的选题和进行方式 ············ 3
 1.3.1　建筑工程技术专业毕业设计选题
    原则及范围 ····························· 3
 1.3.2　工程造价专业毕业设计选题
    原则及范围 ····························· 3
 1.3.3　道路桥梁工程技术专业毕业设计
    选题原则及范围 ····················· 3
 1.3.4　工程管理专业毕业设计选题
    原则及范围 ····························· 4
 1.3.5　毕业设计方式 ··························· 4
1.4　毕业设计的准备 ································ 4
 1.4.1　编制专项施工方案的准备工作 ···· 4
 1.4.2　编制工程预算的准备工作 ········ 5
 1.4.3　编制道路桥梁工程技术专项施工
    方案的准备工作 ····················· 5
1.5　毕业设计的过程检查与控制 ············ 5
1.6　毕业设计的评阅与答辩 ···················· 6

模块2　施工方案及创新性论文 ·············· 7
2.1　课程标准 ·· 7
2.2　任务书 ·· 10
 2.1.1　毕业设计任务的内容及要求 ···· 10
 2.1.2　毕业设计进度计划 ·················· 10
2.3　分项工程施工方案实例 ·················· 11
 2.3.1　建筑工程方向施工方案实例 ···· 11
 2.3.2　道桥工程方向施工方案实例 ···· 11
2.4　模型制作实例（大学生创新方向）··· 11
2.5　科研论文实例（大学生科研方向）··· 12
 2.5.1　再生混凝土路面砖制备技术与
    施工方法研究 ······················· 12
 2.5.2　麦秸秆沥青混合料配合比设计及
    路用性能研究 ······················· 12

模块3　工程预算书（清单计价）
    编制 ·· 13
3.1　课程标准 ·· 13
3.2　工程造价专业毕业设计任务书 ······ 16
 3.2.1　毕业设计任务的内容及要求 ···· 16
 3.2.2　毕业设计进度计划 ·················· 17
 3.2.3　毕业设计阶段成果及纪律要求 ···· 18

3.3 **工程量清单计价案例** ·············· 19
  3.3.1 预算书封面 ·················· 19
  3.3.2 单位工程投标报价汇总表 ········ 20
  3.3.3 分部分项工程费综合单价 ········ 20
  3.3.4 措施项目费综合单价 ············ 56
  3.3.5 规费、税金清单计价表 ·········· 65
  3.3.6 施工图图纸 ···················· 66

模块4 单位工程施工组织设计 ········· 67
4.1 **课程标准** ···························· 67
4.2 **任务书** ···························· 70
  4.2.1 毕业设计（论文）的内容和要求（建筑工程方向）··············· 70
  4.2.2 毕业设计（论文）的内容和要求（道桥工程方向）··············· 71
4.3 **施工组织设计实例（建筑工程方向）**······················ 73
4.4 **施工组织设计实例（道桥工程方向）**······················ 73

附录 ································ 74

参考文献 ····························· 145

模块 1　毕业设计概述

1.1　毕业设计的目的和作用

毕业设计是土建类各专业学习领域的实训课程，是对三年来所学知识的系统总结、巩固、加深、提高和综合，是理论联系实际的重要过程，是教学过程中的最后一个环节，也是对前面各教学环节的深化和继续。

通过这个阶段的毕业设计，能培养学生具有综合应用所学基础理论和专业知识，独立分析、解决一般建筑工程技术问题和准确计量和计价的能力，使学生受到工程技术人员的基本训练，达到培养目标的要求。即完成从理论到实践的过渡，从而一出校门就能胜任工作。因此，土建类各专业毕业设计工作要紧紧围绕毕业设计编制任务进程开展，突出理论知识与实际工程相结合。编制分部分项工程"施工方案"及建筑施工组织毕业设计或完整的单位工程预算书(清单计价模式)课题，主要是培养学生综合运用所学的知识解决工程施工技术、组织及有关专项问题的能力，或者进行准确算量、编制工程量清单并组价，提高全面处理建筑、结构、经济、设备、施工、监理等方面的能力，培养独立工作和集体协作的能力，并为以后的工作打下良好的基础。

毕业设计过程包括毕业设计准备、正式设计、毕业答辩三个阶段，毕业设计准备阶段的主要任务是根据设计任务书要求，明确工程特点和毕业设计要求，收集有关资料和规范，拟定毕业设计主要内容，这一阶段要求学生要积极主动，尽可能深入了解工程项目特点，做到对即将开始的毕业设计工作有一个宏观的认识，并制订总的时间计划。正式设计阶段是毕业设计的关键，一般指导教师会提出明确的要求，及时给予具体的指导。学生在此阶段需完成所有具体的毕业设计内容和计算分析。毕业答辩阶段的主要任务在于总结毕业设计过程和成果，并结合自己毕业设计对有关概念、理论、技术方法的认识，力争清晰准确地反映所做的工作。正式答辩时表达应简明扼要。

1.2 毕业设计成果类型及基本要求

土建类专业毕业设计成果类型应基于工程实际的专项施工方案、工程预算书或者施工组织设计等，结合具体工程案例的项目特征进行编制。专项施工方案应针对危险性较大的分部分项工程进行编制，如土石方开挖工程、基坑支护工程、基坑降水工程、模板工程、脚手架工程、起重吊装工程、起重机械设备拆装工程、拆除工程、爆破工程等。专项施工方案的编制内容应全面，突出重点，力求细化，具有可操作性。选做施工组织设计课题时应针对单项工程或单位工程进行编制，施工组织设计的编制内容应包含工程概况介绍、施工准备工作计划、施工部署、施工现场总平面布置、施工进度计划、分部分项工程施工方案及质量保证措施、主要施工机械设备及材料、劳动力配备计划、安全文明施工及环境保护措施、季节性施工措施等。编制工程预算书应根据国家规范、工程施工图、地区定额、施工组织设计方案等进行编制，工程预算书应采用清单计价模式。清单计价模式的工程预算书应包括编制依据、土建工程造价汇总表、分部分项工程和单价措施项目清单与计价表、综合单价分析表、总价措施项目清单与计价表、其他项目清单与计价汇总表、规费、税金项目计价表等。

1.2.1 专项施工方案

(1)施工方案具有实用性、科学性。
(2)方案的论证比较翔实，方案的设计在技术上可行、经济上合理。
(3)毕业设计使用的标准、规范符合技术实际和国家相关政策。
(4)设计计算说明书系统性(完整)、逻辑性强，文字表述清晰，插图(或图纸)符合标准、质量高。
(5)施工方案科学且具体可行。

1.2.2 工程预算书

(1)预算书应采用清单计价模式，根据工程图纸、施工组织设计方案、《建设工程工程量清单计价规范》(GB 50500—2013)、工程量计算规范、地区费用定额等进行编制。
(2)分部分项工程计量及计价包括如下内容，不得漏项。
1)建筑工程：土方、砌筑、混凝土、屋面防水、防腐隔热保温工程。
2)装饰工程：楼地面、墙柱面、天棚、门窗、油漆工程等。
(3)工程量计算书应清晰，计算结果准确，清单综合单价的组价过程应明确，文字表述清晰，工程造价计算结果。
(4)可参照招标投标文件要求编制完成的招标文件或投标文件。
(5)熟练运用造价编制软件进行工程计量与计价，编制工程预算文件。

1.3 毕业设计的选题和进行方式

1.3.1 建筑工程技术专业毕业设计选题原则及范围

1. 选题原则

以实际工程为背景，选择有一定难度且应用性强的施工方案，可以是比较前沿的"四新"技术方案或专项方案。鼓励一部分优秀学生参与教师科研项目或自主选题进行创新探索，尽量结合工作需要选择有实用价值的课题。

2. 选题范围

所选工程的类别应尽量在二类及二类以上的工程，工程类别越高，工程施工的难度越大，施工方案的深度越大，则选题更有应用价值。常见的施工方案有：深基坑支护、桩基础施工、大体积混凝土施工、泵送混凝土施工、高层建筑模板脚手架、地下室混凝土施工、井点降水、钢筋工程、砌筑工程、混凝土工程、装饰装修工程、防水工程、保温工程、幕墙施工、地基处理施工方案或选择其他有特色的工种工程施工方案。

1.3.2 工程造价专业毕业设计选题原则及范围

1. 选题原则

所选工程项目的结构类型应为框架结构、框架剪力墙结构或剪力墙结构中的任意一种，并不得为砖混结构。建筑面积较大的工程项目可选择其中的部分面积（某个施工段）编制工程预算书，至少应包含基础层、标准层及屋顶层部分。

2. 选题范围

毕业设计课题的深度和广度既要考虑学生的实际水平，也要保证达到教学大纲的要求，可选择与生产实际结合的课题、已建建筑工程（或稍做简化后）作为毕业设计课题。

1.3.3 道路桥梁工程技术专业毕业设计选题原则及范围

1. 选题原则

以实际工程道路或桥梁工程项目为依托，编制某分部工程的施工方案设计，设计内容应包括工程概况简介、施工方法、质量标准、技术措施等。道路工程项目可选择高速公路、二级以上公路或城市道路项目，桥梁工程可选梁式桥、拱桥、刚架桥、缆索承重桥（即悬索桥、斜拉桥）等类型。

2. 选题范围

毕业设计选题可以撰写结合实际工程探讨解决工程实际问题的应用型论文或编制实

际道路桥梁工程某分部工程施工方案。编制施工方案时包括施工部署、施工方案、进度计划等。编制施工方案时可以选择路基工程(每 10 km 或每标段)、路面工程(每 10 km 或每标段为单元)、桥梁工程(大、中桥)、互通式立交工程等。所选桥梁工程宜为中、小型桥梁。

1.3.4 工程管理专业毕业设计选题原则及范围

1. 选题原则

毕业设计选题根据培养目标的要求选择编制施工组织设计,选题应为真实的工程项目,工程规模适中,难度要适宜,工作量要适当;切忌脱离工程实际,应将工程理论知识与工程实际相结合,体现一定的学术价值和工程指导意义。施工组织设计内容应完整,保证有适当的阶段性成果。

2. 选题范围

单位工程施工组织设计应依据工程项目的整套建筑施工图,由参加毕业设计的学生结合生产单位的实际工程自己准备。可以选择建筑工程方向或道路桥梁工程方向施工组织设计,所选建筑工程可以是以下类型:

(1)全框架、全现浇钢筋混凝土多层民用建筑(地面以上不得小于五层,标准层建筑面积应大于 600 m²,建筑总面积不小于 6 000 m²)。

(2)建筑工程技术方向的结构类型可为框架结构、框架剪力墙结构、筒体结构等各类高层民用建筑。

(3)道路桥梁工程技术方向可以选择路基路面工程、桥梁工程等。

1.3.5 毕业设计方式

土建类各专业学生可以选择到施工单位、建设单位、监理单位或造价事务所进行校外顶岗实习,顶岗实习的同时完成毕业设计成果;也可以采用校内外相结合的方式,即在单位实习一定的时间后返校完成毕业设计。在毕业设计阶段,每个学生均应配备双导师,由校内指导教师与企业指导教师共同完成毕业设计指导工作。

1.4 毕业设计的准备

各专业学生在开展毕业设计工作之前,除复习以往的专业基础知识外还要进行图纸、规范等资料的收集工作,检索阅读至少 20 篇以上的参考文献。

1.4.1 编制专项施工方案的准备工作

建筑工程技术专业学生编制专项施工方案之前可以收集阅读的资料包括:《建筑设计

资料集》;《建筑(道桥)结构构造资料集》;有关标准和图集;《建筑(道桥)施工手册》;《高层建筑施工手册》;《中华人民共和国合同法》;《江苏省建筑工程预算定额》;建筑(路桥)施工教材;《施工组织设计编写手册》;现行结构设计与施工质量验收规范、标准等文件;建筑(道桥)技术、施工技术、建筑施工等相关杂志;专业学生毕业设计指南;Project 等计算机软件使用说明等。

1.4.2 编制工程预算的准备工作

工程造价专业学生编制工程预算书可以收集阅读的资料包括:《建设工程工程量清单计价规范》(GB 50500—2013),《江苏省建筑与装饰工程计价定额》,《江苏省建筑工程工程量清单计价项目指引》,《江苏省建设工程费用定额(2014 年)》,有关标准和图集,《中华人民共和国合同法》,建筑工程工程量清单计价、土木工程施工技术等教材,《建筑施工手册》等。

除阅读参考相关资料,学生在编制工程预算前还要强化建筑识图能力,熟悉研究招标、投标的程序及框架性的文件编制;调查招标投标的环境,制定投标策略;熟悉工程造价算量计价软件、BIM5D 平台的相关软件等。

1.4.3 编制道路桥梁工程技术专项施工方案的准备工作

道路桥梁工程技术专业的学生编制施工方案前应调查、收集并分析研究所编写工程的工程背景、地质勘查报告、设计文件以及当地自然地理条件等资料,可以收集阅读的参考资料包括:《公路路基施工技术规范》(JTG/T 3610—2019)、《公路沥青路面施工技术规范》(JTG F40—2004)、《公路桥涵施工技术规范》(JTG/T F50—2011)、市政排水管道图集、公路工程师手册、桥梁施工工程师手册等。

撰写道路桥梁工程应用型论文时应重点从工艺、方法、技术措施等方面进行阐述,分析施工问题产生的原因,结合工程实际,对常见问题在该工程中的防治技术给予重点说明。

1.5 毕业设计的过程检查与控制

毕业设计指导教师审定每个课题的内容包括:设计要求、设计原始数据和应包括的内容及参考文献。指导教师应将毕业设计的要求和审定意见与学生进行交流,供其考虑选题。教师在布置毕业设计任务后,应指导每位学生进行开题,具体要求如下:

(1)下达毕业设计任务指导书。
(2)指导学生写出设计成果纲要和进度计划,撰写开题报告。

毕业设计期间学生在校外完成毕业设计成果的,要求学生定期登录毕业设计管理平台，按时提交阶段毕业设计成果，校内外指导教师应及时审阅学生成果。市区及周边地区学生每两周集中一次，省内地区每三周集中一次，省外实习的同学可采用多种方式联系答疑，具体集中时间和地点由指导老师确定。

1.6 毕业设计的评阅与答辩

学生按毕业设计大纲及进度要求完成毕业设计成果后，首先要进行查重，查重报告显示合格后方可参加答辩。毕业设计成绩由以下三个方面组成：

(1)指导教师成绩，根据该学生在毕业设计期间，包括实习阶段、设计阶段的成绩和表现，由指导教师给分，占40%。

(2)主答辩教师根据毕业设计任务和说明书及工程预算书等给分，占20%。

(3)答辩小组根据学生的答辩质量及表现给分，占40%。

指导教师和主答辩教师分别根据学生成果进行评阅打分，答辩小组根据学生答辩时的综合表现按模块2和模块3中的成绩评定标准进行评分。

模块 2　施工方案及创新性论文

2.1　课程标准

1. 课程性质

建筑工程技术专业毕业设计是学生专业知识、能力的综合提升阶段，是学习、实践与研究成果的全面总结，是综合素质与工程实践能力的全面检验，是学生在修完理论课程和实践课程后，对各课程进一步综合练习的教学环节，是学生毕业资格认证的重要依据之一。

2. 课程设计思路

通过这个阶段的毕业设计，能够培养学生具有综合应用所学基础理论和专业知识，独立分析、解决一般建筑工程技术问题的能力，使学生受到工程师的基本训练，达到培养目标的要求。

按照"以能力为本位，以职业实践为主线"的总体设计要求，紧紧围绕施工方案编制任务开展毕业设计，突出理论知识与实际工程相结合，以"施工方案"为毕业设计课题，主要是培养学生综合运用所学的知识解决工程施工技术、组织及有关专项问题的能力，并为以后的工作打下良好的基础。

3. 课程目标

(1)知识目标：巩固和扩展学生所学的基本理论和专业知识，培养学生综合运用所学知识技能分析和解决实际问题的能力，通过毕业设计，学习全面运用各种设计规范、标准、手册、参数等。

(2)能力目标：能够根据工程背景选择针对性强的或有工程特点的施工方案，依据相关的技术规程验证所选方案的合理性。提高全面处理建筑、结构、经济、设备、施工、监理等方面的能力，培养独立工作和集体协作的能力。

(3)技能目标：进一步训练和提高学生方案设计、资料利用、理论计算、数据处理、计算机使用、文字表达等方面的能力和技巧，培养学生编制施工方案指导施工的能力。

4. 选题原则和范围

选题原则：以实际工程为背景，选择应用性强的分项工程施工方案或有一定危险性的、工艺复杂得多工种配合的专项方案,也可以是比较前沿的"四新"技术方案。鼓励一部分优秀学生结合省大创项目或教师科研课题有所创新,撰写科研论文。总之,尽量结合工作需要选择有实用价值的课题。

选题范围:土建(道桥)施工方案。

5. 主要内容及其要求(可分阶段)

(1)主要内容。

1)设计题目的工程概况。

2)编制依据。包括设计对象的原始数据、图纸、技术标准等。

3)分部分项方案或专项方案的比较和选择。应完成的工作,达到的技术指标。

4)设计验算。

5)资料及主要参考文献。

(2)要求。建筑工程技术专业毕业设计所选工程一般要求选择单体建筑面积大于 5 000 m²、建筑高度大于 24 m 的公共建筑或者层数大于 12 层的住宅建筑,技术要求较为复杂,结构类型为框架剪力墙或剪力墙结构或框筒结构,要求所选的课题能反映工程特点,有针对性。道桥工程方向所选工程的规模必须满足以下要求:

(1)道路:总长要求≥2 000 m。

(2)桥梁:中、小型桥梁。

对于规模较大的工程可选做某个施工段,但必须是相对完整的内容。

6. 毕业设计成果形式

施工方案打印稿和电子稿各一份。

7. 实施建议

(1)实习(训)组织管理与进程安排(教学进度安排、场所安排)。

1)实习/实训时间:160 学时。

2)实习/实训方式:在工地边实习边做毕业设计,在学校和工程单位进行技术指导。

3)在老师帮助下完成毕业设计。

4)实习/实训单位或场所:实习单位所在工程工地。

5)实习/实训进度安排见表 2-1。

表 2-1 实习/实训进度安排

序号	内容	时间/周
1	毕业设计	10
2	毕业答辩	2
	合计	12

(2)指导书及主要参考书。

1)指导书与任务书:《建筑工程技术专业毕业设计指导书及任务书》,姚荣等编 2010。

2)教学参考书：

[1]姚荣，王思源．建筑施工技术[M]．西安：西安交通大学出版社，2013.

[2]张伟，徐淳．建筑施工技术[M]．2版．上海：同济大学出版社，2015.

[3]《建筑施工手册》编委会．建筑施工手册[M]．5版．北京：中国建筑工业出版社，2013.

[4]中国建筑工业出版社．现行建筑施工规范大全[S]．北京：中国建筑工业出版社，2014.

[5]余丹丹．桥梁工程与施工技术[M]．北京：中国水利水电出版社，2014.

[6]中华人民共和国交通运输部．JTG/T F50—2011 公路桥涵施工技术规范[S]．北京：人民交通出版社，2011.

(3)其他资源的利用与开发。

筑龙论坛：http：//bbs.zhulong.com/

土木在线：http：//www.co188.com/

(4)实习/实训成绩评定标准与考核方法。

1)考核方式：毕业设计成果评定＋毕业答辩。按指导成绩占40%，评阅成绩占20%，答辩成绩占40%，分别计分，取加权平均值。

2)成绩评定标准：

优秀：90分以上(含90分，下同)；良好：80～89分；中等：70～79分；及格：60～69分；不及格：59分以下。

①优秀：能很好地综合运用所学知识，用正确的观点、方法提出问题。有创见性地解决问题。内容充实、具体、观点突出、设计思想新颖。图纸清晰，方案结构严谨、文笔流畅。答辩口头表达清楚正确，回答问题准确无误。

②良好：能较好地综合运用所学知识，用正确的观点、方法较好地解决实际问题。内容充实、具体、观点正确、设计质量良好。图纸清晰、方案层次清楚、文笔流畅。答辩口头表达正确，能正确回答问题。

③中等：能运用所学知识，并能用比较正确的观点、方法一般地解决实际问题，内容较充实、较具体，设计质量中等。图纸正确，具有一定分析问题的能力。方案结构合理。答辩表达能力较好，能够较正确地回答提问。

④及格：基本上能运用所学的知识分析问题和解决问题。内容不够充实、具体，设计质量一般，论证不够充分。方案无严重错误。答辩能说清楚问题，经提示能回答一些问题。

⑤不及格：未完成预定设计任务，或设计思想、论证观点有严重错误，设计质量差，方案结构不合理，基本理论知识不掌握。设计由他人代作或抄袭他人成果。答辩说不清问题，经提示也回答不上来。

2.2 任务书

2.1.1 毕业设计任务的内容及要求

毕业设计任务的内容及要求见表 2-2。

表 2-2 毕业设计任务的内容及要求

序号	内容	要求
1	毕业设计任务书及开题报告	用黑水笔按要求填写完整
2	建筑(道桥)施工方案设计	(1)制订针对工程特点所采取的施工方案(方案部分不得少于 25 页)。统一用小四号字,行距 20 磅,版面页边距上空 2.5 cm、下空 2 cm、左空 2.5 cm、右空 2 cm,用 A4 纸打印。编制三级目录,标出标题、注明页数。 (2)设计中所用的资料和数据要求真实、充分;内容要充实、具体,能用正确的观点提出问题、分析和解决问题。 (3)设计图纸、数据、图表等,要清晰整洁,论述要结构严谨、层次清楚、文笔流畅,书写工整,一律用计算机打印。 (4)设计要独立完成,不得抄袭他人作品,也不得由别人代笔,文责自负。 (5)成果包括书面和电子文档两部分

2.1.2 毕业设计进度计划

毕业设计进度计划见表 2-3。

表 2-3 毕业设计进度计划

序号	起讫日期	工作内容	备注
1	第 6 学期第 1 周	开学返校,审核顶岗实习成果;完成开题报告,填写毕业设计任务书	开题报告即课题简介,主要包括工程概况、课题研究内容、进度计划安排等内容
2	第 6 学期第 2～3 周	工地实习,熟悉工程,收集资料,阅读文献,撰写综述	开题报告中应明确所研究的专项施工方案,意义,解决的途径、写作提纲及工作计划等
3	第 6 学期第 3 周周三	初期检查	检查相关准备资料
4	第 6 学期第 4～6 周	按进度计划安排完成毕业设计	完成工程概况、施工部署、工艺流程等内容的编写
5	第 6 学期第 7 周	毕业设计中期检查	根据检查情况,完成中期检查表的填写

续表

序号	起讫日期	工作内容	备注
6	第6学期第8~11周	按进度计划安排完成毕业设计	结合实际,完成施工方法、技术要求、保证措施、平面布置等内容的编写
7	第6学期第12~13周	返校,论文审查修改、定稿、评阅	按大纲要求对论文内容进行审核、修改
8	第6学期第13周周末	毕业设计答辩	准备答辩材料,包括5分钟答辩简介

注意：以上内容仅供参考，指导老师可根据具体情况做适当调整。

2.3 分项工程施工方案实例

2.3.1 建筑工程方向施工方案实例

建筑工程方向施工方案实例详见附录1。

2.3.2 道桥工程方向施工方案实例

道桥工程方向施工方案实例

2.4 模型制作实例（大学生创新方向）

模型制作实例
（大学生创新方向）

2.5 科研论文实例(大学生科研方向)

2.5.1 再生混凝土路面砖制备技术与施工方法研究

再生混凝土路面砖制备技术与施工方法研究详见附录2。

2.5.2 麦秸秆沥青混合料配合比设计及路用性能研究

麦秸秆沥青混合料配合
比设计及路用性能研究

模块3 工程预算书(清单计价)编制

>> 3.1 课程标准

1. 课程性质

毕业设计是工程造价专业重要的实践性教学环节之一。毕业设计阶段主要培养学生综合运用所学的造价基本理论和技能编制工程预算的能力,是进行工程技术人员必备的基本技能训练。通过毕业设计,培养学生掌握工程造价编制的一般程序;针对具体工程进行调研、收集资料;分析不同的施工方案对工程造价的影响,对分部分项工程进行工料分析,熟悉招标投标文件的编制;培养学生认真、严谨的工作作风和求实创新的科学态度。毕业设计是学生修完所有的职业基础课、职业技术课和专业选修课后进行的综合实训环节,同时也是能力提升及强化的重要阶段。

2. 课程设计思路

毕业设计是工程造价专业学生学完所有课程后进行知识复习与提高及综合训练的强化阶段。根据工程造价专业人才培养目标和未来就业岗位群的能力要求,通过毕业设计培养学生能融会贯通、综合运用所学的造价理论知识和基本技能解决实际问题的能力。以实际工程为依托编制工程预算书,学生首先应熟悉招标、投标的程序及框架性的文件编制;然后熟悉工程的施工组织设计、国家规范和地区定额;最后编制工程招标标底或工程预算及完整的招标或投标文件。

3. 课程目标

(1)知识目标:掌握工程造价定额原理、定额计量与计价、清单计量与计价、工程造价管理与实务知识。

(2)能力目标:根据建筑施工图、施工组织设计方案、国家标准图集、建设工程工程量清单计价规范及地区定额等编制中、小型民用建筑工程的工程量清单及招标控制价。

(3)技能目标:能够运用所学的专业知识和技能,具备编制建筑工程预决算等相关的工作能力,具备熟练运用算量和计价软件编制工程预算书的能力。

4. 毕业设计选题要求

毕业设计课题必须符合工程造价专业人才培养目标的要求，达到综合运用所学知识，提高解决实际问题能力的目的。课题的深度和广度既要考虑学生的实际水平，也要保证达到教学大纲的要求，具体有如下几种：

(1)有条件的毕业设计小组，可以选用与生产实际结合的课题。

(2)选择已建好的建筑工程(或稍做简化后)作为毕业设计课题。

(3)按教学大纲要求，对生产实践中的真实工程设计整理加工后形成的模拟课题。

5. 主要内容及其要求(可分阶段)

(1)主要内容。

1)熟悉研究招标、投标的程序及框架性文件编制。

2)熟悉本工程已编制的施工组织设计。

3)编制标底或工程预算书(清单计价模式)。

①确定分部分项工程量和措施项目工程量的计算项目：具体参照江苏省2014计价定额和《建设工程工程量清单计价规范》(GB 50500—2013)。

②计算分部分项工程量并编制工程量清单。

③套用定额进行清单计价。

④利用软件算量计价。

⑤编制工程预算书或招标控制价。

(2)要求。毕业设计所选工程的建筑面积应大于等于3 000 m^2，结构类型为框架结构、框架剪力墙结构或剪力墙结构；对于建筑面积较大的建筑工程可选做某个施工段，具体范围由指导教师和学生共同商定；学生在同一工地、同一工程实习时，毕业设计课题内容不得雷同。

6. 毕业设计实训成果形式

毕业设计成果如下：

(1)手算工程计算书不少于100页。

(2)电算工程量(运用造价软件进行计算，为电子文档)。

(3)工程量清单和预算书(清单计价的成果应为电子文档)。

7. 实施建议

(1)实训组织管理与进程安排。

1)实训时间：12周。

2)实训方式：校外企业实习或校内实训。

3)实训单位或场所：建筑施工企业、造价咨询公司或校内造价实训室。

实训进度安排：毕业设计的时间为12周，进度安排见表3-1。

表 3-1　毕业设计进度安排表

时间	工作内容
第1~2周	熟悉图纸，查看资料，设计准备，确定毕业课题
第3~6周	定额工程量计算，清单工程量计算
第7~9周	清单计价及工料分析，手算完成，上机电算
第10~11周	工程预算书的编制，装订成册，核查
第12周	毕业设计答辩

(2)实训指导书及主要参考书。

1)指导书与任务书：《工程造价专业毕业设计指导书及任务书》，史晓燕等编，2016。

2)教学参考书：

[1]中华人民共和国住房和城乡建筑部，中华人民共和国国家质量监督检验检疫总局. GB 50500—2013 建设工程工程量清单计价规范[S]. 北京：中国计划出版社，2013.

[2]江苏省住房和城乡建设厅. 江苏省建筑与装饰工程计价定额[M]. 南京：江苏省凤凰科学技术出版社，2014.

[3]江苏省住房和城乡建设厅. 江苏省建设工程工程量清单计价项目指引[M]. 北京：知识产权出版社，2004.

[4]刘钟莹. 建筑工程工程量清单计价[M]. 2版. 南京：东南大学出版社，2010.

[5]刘钟莹，徐红. 建筑工程造价与投标报价[M]. 南京：东南大学出版社，2002.

[6]江苏省住房和城乡建设厅. 江苏省建设工程费用定额[M]. 北京：知识产权出版社，2014.

(3)其他资源的利用与开发。利用校外实训基地和校内试验室为学生提供良好的实习环境。

1)教学资源库。

①国家教育资源公共服务平台(http：//www.eduyun.cn/)

②江苏工程造价信息网(http：//www.jszj.com.cn/)

2)网络课程。

①国家精品课程共享服务信息平台(http：//www.jingpinke.com/)

②《工程造价》精品课程(http：//web.zjjy.net/gczj/index.html)

(4)实习/实训成绩评定标准与考核方法。

1)考核方式：提交毕业设计成果＋毕业答辩。按指导成绩占40%，评阅成绩占20%，答辩成绩占40%，分别计分，取加权平均值。

2)成绩评定标准：毕业设计成绩按优秀、良好、中等、及格、不及格五个等级评定；90分以上为优秀，80~89分为良好，70~79分为中等，60~69分为及格，60分以下为不及格。

3）评分标准。

①优秀：全面完成毕业设计任务，能灵活、正确运用本专业的基础理论知识，较好地结合生产实际，分析和解决设计中的问题；熟练掌握工程预算书（招标控制价或标底）的编制方法，计算步骤合理正确；预算文件内容齐全，合同界限合理，计算准确；编制说明简练清楚，文理通顺达意；回答问题简明正确，有独立见解；编制或答辩中有非原则性的缺点或不够完整的地方。

②良好：全面完成毕业设计任务，能综合运用本专业的理论知识，结合生产实际，分析和解决设计中的问题；能正确掌握工程预算书的编制计算方法，步骤清楚；预算文件内容较齐全，合同界限合理，计算较准确；编制说明清楚、文理通顺，但有个别不够完整确切之处；回答问题正确，有个别地方不够全面，但没有原则性的错误；编制或答辩问题中有个别非原则性的错误。

③中等：介于良好和及格的标准之间。

④及格：基本完成毕业设计任务，在运用基本理论知识解决设计问题时，没有原则性的错误；基本上能掌握工程预算书的编制方法，没有重大错误；预算文件内容基本齐全，合同界限有些地方不够合理，计算基本准确；文字说明有少数不够确切之处；答辩中能正确回答大部分问题；编制或答辩中有个别原则性的错误。

⑤不及格：没有完成毕业设计任务；在工程量计算和计价中有严重错误；预算文件内容不齐全，合同界限划分不够合理，计算不准确；答辩问题概念不清，对自己做的工作讲不清楚；对原则性错误，经启发提示后，仍不能回答，达不到大纲的基本要求。

学生在校外企业做毕业设计期间应按照要求定期返校上交阶段毕业设计成果，学院将统一部署进行毕业设计中期检查。

3.2　工程造价专业毕业设计任务书

3.2.1　毕业设计任务的内容及要求

毕业设计任务的内容及要求见表3-2。

表3-2　毕业设计任务的内容及要求

序号	内容	要求
1	毕业设计任务书	按要求填写完整
2	工程招标控制价或工程预算书（清单计价模式）	（1）工程量计算及计价要求分别采用手算和软件电算。 （2）电算清单工程量与手算清单工程量进行对比。 （3）提供完整的工程建筑、结构施工图

续表

序号	内容	要求
2	工程招标控制价或工程预算书（清单计价模式）	(1)工程量手算计算书的内容不少于100页。[依据江苏2014计价定额和《建设工程工程量清单计价规范》(GB 50500—2013)计算工程量] (2)开题报告等相关文本用标准5号字打印。 (3)计价部分提供电子文档。 (4)电子档中需包含Revit建模的模型

3.2.2 毕业设计进度计划

毕业设计进度计划见表3-3。

表3-3 毕业设计进度计划

序号	起讫日期	工作内容	备注
1	第6学期第1～2周	审核毕业设计课题（第1周）	(1)不同学生选择同一工程的，课题和内容不得雷同，可由指导老师指定划分课题范围。 (2)所选工程建筑面积要求不小于3 000 m²，结构类型为框架、框架剪力墙或剪力墙结构，不得为砖混结构。对于建筑面积较大的工程可选做某个施工段，但必须是从基础到屋顶的一个完整的内容
2	第6学期第3～7周	完成分部分项工程量计算、措施项目工程量计算（手算和电算同时进行）	分部分项工程量计算，分别按江苏省2014计价定额和13年清单计价规范计算工程量，按进度安排完成阶段成果
3	第6学期的8周	毕业设计中期检查阶段（手算工程量100%全部完成）	利用广联达软件进行钢筋算量，计算分部分项工程费、措施项目费、其他项目费、规费和税金
4	第6学期的第9～11周	完成清单计价及报价汇总表，上机电算；进行BIM建模、指导教师检查学生毕业设计成果	造价汇总，上机电算复核。 (1)编制招标控制价或完整的招标或投标文件。 (2)对工程进行BIM建模（可选择广联达或Revit等软件）
5	第6学期12～14周	学生上交成果，指导教师审核通过后准备答辩，指导教师审核学生成果，毕业答辩	(1)学生第12周返校。 (2)毕业答辩安排在第14周周末

3.2.3　毕业设计阶段成果及纪律要求

(1)造价专业学生按班级集中开会,进行毕业设计及毕业实习动员;具体时间和地点由学院统一安排。

(2)毕业设计期间学生登录××大学实习平台网上申报毕业实习单位及毕业设计选题。第1周申报毕业设计课题、教师审核毕业设计课题及图纸资料,学生在课题审核通过后填写毕业设计任务书。

(3)毕业设计阶段成果要求。

1)第6学期第3~6周,学生完成手算工程量计算书(70%以上)。

2)第6学期的7~8周,学生完成手算工程量计算书(100%以上);学生完成工程计价和上机电算(预算书成果全部完成)。

3)第6学期的第9~11周,完成清单计价的工程预算书,整理成册,工程BIM建模,提交毕业设计成果,毕业设计答辩。

(4)毕业设计纪律要求:学生应按进度要求完成阶段设计成果,不得无故旷课,累计无故旷课3次以上者取消按时答辩资格。学生将毕业设计成果整理好提交给指导教师,教师审核通过后方可参加答辩。

(5)毕业设计成果要求:工程造价专业毕业设计成果应为完整的工程预算书,手算工程量计算书应大于100页,电算工程量及计价文件应提供电子档,电算工程量清单及计价文件打印后装订成册。

3.3 工程量清单计价案例

3.3.1 预算书封面

预算书封面见表 3-4。

表 3-4 预算书封面

工　程　预　算　书

建设单位：_____

工程编号：_____1_____

工程名称：_____备勤楼_____

施工单位：_____

工程造价：_____9 346 546.55_____元

编制人：_____　审核人：_____

编制时间：2018 年 03 月 26 日

3.3.2 单位工程投标报价汇总表

单位工程投标报价汇总表见表 3-5。

表 3-5 单位工程投标报价汇总表

工程名称：备勤楼（土建） 标段：

序号	汇总内容	金额/元	其中：暂估价/元
1	分部分项工程费	4 967 337.52	
1.1	土石方工程	503 688.06	
1.2	砌筑工程	178 519.82	
1.3	混凝土及钢筋混凝土工程	2 119 700.18	
1.4	金属结构工程	58 280.65	
1.5	门窗工程	634 157.05	
1.6	屋面及防水工程	326 392.14	
1.7	保温、隔热、防腐工程	526 201.50	
1.8	楼地面装饰工程	146 240.93	
1.9	墙、柱面装饰与隔断、幕墙工程	224 005.47	
1.10	油漆、涂料、裱糊工程	136 017.20	
1.11	其他装饰工程	114 134.52	
2	措施项目费	1 559 035.74	
2.1	安全文明施工费	222 208.65	
3	其他项目费	150 000.00	
3.1	暂列金额	0	未考虑
3.2	专业工程暂估价	150 000.00	
3.3	计日工	0	未考虑
3.4	总承包服务费	0	未考虑
4	规费	255 705.09	
5	税金	762 528.62	
投标报价合计＝1＋2＋3＋4＋5－甲供材料费(含设备)/1.01		7 694 606.97	

3.3.3 分部分项工程费综合单价

分部分项工程类综合单价见表 3-6。

表 3-6 分部分项工程费综合单价

工程名称：备勤楼(土建)

序号	清单或定额编号	换	定额名称	单位	工程量	综合单价	合价
1	01		房屋建筑与装饰工程		1	4 967 337.52	4 967 337.52
2	0101		土石方工程		1	503 688.06	503 688.06
3	010101		土方工程		1	45 516.50	45 516.50
4	010101001001		平整场地 【项目特征】 1. 土壤类别：综合考虑 2. 弃土运距：投标人自行考虑计算 3. 包括表面杂草清除、灌木清除及场地平整费用 4. 包括地下室基坑开挖范围外，红线内的土方场地平整及清运出场 5. 包括现场临时道路等拆除	m²	1 225.08	1.05	1 286.33
5	1—273 备注1	换	平整场地(厚 300 mm 以内)推土机 75 kW 以内	1 000 m²	1.608 2	798.58	1 284.28
6	010101002001		挖一般土方 【项目特征】 大开挖 1. 土壤类别：投标人根据地勘资料、现场实际自行确定，不论实际土石方类别，均不调整综合单价 2. 开挖方式：投标人根据场地要求、施工技术规范、周边环境、政府要求自主确定开挖方式 3. 开挖深度：详见设计图纸 4. 弃土运距：投标人根据现场综合考虑	m³	1 468.81	16.44	24 147.24
7	1—204		挖掘机挖土(斗容量 1 m³ 以内)反铲 装车	1 000 m³	1.321 9	4 133.35	5 463.88

续表

序号	清单或定额编号	换	定额名称	单位	工程量	金额	
						综合单价	合价
8	1—2 备注1	换	人工挖一般土方 土壤类别 二类土	m³	146.881	33.61	4 936.67
9	1—262 备注1	换	自卸汽车运土 运距在1 km以内	1 000 m³	1.468 8	9 371.27	13 764.52
10	010101004001		挖基坑土方 【项目特征】 挖基坑 1. 土壤类别：投标人根据地勘资料、现场实际自行确定，不论实际土石方类别，均不调整综合单价 2. 开挖方式：投标人根据场地要求、施工技术规范、周边环境、政府要求自主确定开挖方式 3. 开挖深度：详见设计图纸 4. 弃土运距：投标人根据现场综合考虑	m³	1 182.74	16.98	20 082.93
11	1—224		挖掘机挖底面积≤20 m²的基坑 挖掘机挖土（斗容量1 m³以内）反铲 装车	1 000 m³	1.064 5	4 720.09	5 024.54
12	1—2 备注1	换	人工挖一般土方 土壤类别 二类土	m³	118.274	33.61	3 975.19
13	1—262 备注1	换	自卸汽车运土 运距在1 km以内	1 000 m³	1.182 7	9 371.27	11 083.40
14	010103		回填		1	458 171.56	458 171.56
15	010103001002		回填方 【项目特征】 1. 密实度要求：符合图纸设计要求 2. 填方材料品种：素土 3. 填方来源、运距：投标人自行考虑	m³	526.78	21.69	11 425.86

续表

序号	清单或定额编号	换	定额名称	单位	工程量	金额 综合单价	金额 合价
16	1—204		挖掘机挖土(斗容量1 m³ 以内)反铲 装车	1 000 m³	0.526 8	4 133.35	2 177.45
17	1—262		自卸汽车运土 运距在1 km 以内	1 000 m³	0.526 8	8 547.58	4 502.87
18	1—287		填土碾压 拖拉机75 kW拖式双筒羊足碾	1 000 m³	0.421 4	2 493.57	1 050.79
19	1—104		回填土 基(槽)坑 夯填	m³	105.356	35.07	3 694.83
20	010103001001		回填方 【项目特征】 1. 密实度要求：按设计及规范要求 2. 填方材料品种：3∶7灰土 3. 填方来源、运距：投标人自行寻找回填料资源 4. 回填部位：基础回填	m³	2 124.76	204.98	435 533.30
21	4—95		基础垫层 3∶7灰土	m³	2 124.76	204.98	435 533.30
22	010103002001		余方弃置 【项目特征】 1. 废弃料品种：素土 2. 运距：投标人自行考虑 3. 备注：清单量同计价量	m³	440.22	25.47	11 212.40
23	1—204		挖掘机挖土(斗容量1 m³ 以内)反铲 装车	1 000 m³	0.396 2	4 133.35	1 637.63
24	1—2备注1	换	人工挖一般土方 土壤类别 二类土	m³	44.022	33.61	1 479.58
25	1—264备注1	换	自卸汽车运土 运距在5 km 以内	1 000 m³	0.440 2	18 386.20	8 093.61
26	0104		砌筑工程		1	178 519.82	178 519.82
27	010401		砖砌体		1	11 163.36	11 163.36

续表

序号	清单或定额编号	换	定额名称	单位	工程量	金额	
						综合单价	合价
28	010401001001		砖基础 【项目特征】 1. 砖品种、规格、强度等级：混凝土普通实心砖砌筑 2. 砂浆强度等级：M10 水泥砂浆	m³	26.77	417.01	11 163.36
29	4—1	换	M10 砖基础　直形	m³	26.77	417.01	11 163.36
30	010402		砌块砌体		1	167 356.46	167 356.46
31	010402001001		砌块墙 【项目特征】 1. 砌块品种、规格、强度等级：A5.0(B06级)砂加气混凝土砌块 2. 墙体类型：200厚外墙 3. 砂浆强度等级：用 M5.0 预拌砂浆砌筑 4. 部位：除顶层外墙	m³	101.02	357.39	36 103.54
32	4—10	换	M5 普通砂浆砌筑 A5.0(B06级)砂加气混凝土砌块墙200厚(用于多水房间、底有混凝土坎台)	m³	101.02	357.39	36 103.54
33	010402001010		砌块墙 【项目特征】 1. 砌块品种、规格、强度等级：A5.0(B06级)砂加气混凝土砌块 2. 墙体类型：200厚外墙 3. 砂浆强度等级：用 M7.5 预拌砂浆砌筑 4. 部位：顶层外墙	m³	49.08	357.68	17 554.93
34	4—10	换	M7.5 普通砂浆砌筑 A5.0(B06级)砂加气混凝土砌块墙200厚(用于多水房间、底有混凝土坎台)	m³	49.08	357.68	17 554.93

续表

序号	清单或定额编号	换	定额名称	单位	工程量	金额 综合单价	金额 合价
35	010402001005		砌块墙 【项目特征】 1. 砌块品种、规格、强度等级：A3.5级（B06级）蒸压粉煤灰加气混凝土砌块 2. 墙体类型：200 mm 内墙 3. 砂浆强度等级：用DMM5预拌砂浆砌筑 4. 部位：除顶层内墙	m³	222.51	362.19	80 590.90
36	4—7	换	M5 普通砂浆砌筑 A3.5级（B06级）蒸压粉煤灰加气混凝土砌块墙 200 厚（用于无水房间、底无混凝土坎台）	m³	222.51	362.19	80 590.90
37	010402001011		砌块墙 【项目特征】 1. 砌块品种、规格、强度等级：A3.5级（B06级）蒸压粉煤灰加气混凝土砌块 2. 墙体类型：100 mm 内墙 3. 砂浆强度等级：用DMM5.0预拌砂浆砌筑 4. 部位：除顶层内墙	m³	7.78	388.85	3 025.25
38	4—6	换	M5 普通砂浆砌筑 A3.5级（B06级）蒸压粉煤灰加气混凝土砌块墙 100 厚（用于无水房间、底无混凝土坎台）	m³	7.78	388.85	3 025.25
39	010402001012		砌块墙 【项目特征】 1. 砌块品种、规格、强度等级：A3.5级（B06级）蒸压粉煤灰加气混凝土砌块 2. 墙体类型：200 mm 内墙 3. 砂浆强度等级：用DMM7.5预拌砂浆砌筑 4. 部位：顶层内墙	m³	69.01	362.64	25 025.79

续表

序号	清单或定额编号	换	定额名称	单位	工程量	金额	
						综合单价	合价
40	4—7	换	M7.5普通砂浆砌筑A3.5级(B06级)蒸压粉煤灰加气混凝土砌块墙200厚(用于无水房间、底无混凝土坎台)	m³	69.01	362.64	25 025.79
41	010402001013		砌块墙 【项目特征】 1. 砌块品种、规格、强度等级：A3.5级(B06级)蒸压粉煤灰加气混凝土砌块 2. 墙体类型：100 mm内墙 3. 砂浆强度等级：用DMM7.5预拌砂浆砌筑 4. 部位：顶层内墙	m³	9.74	389.30	3 791.78
42	4—6	换	M7.5普通砂浆砌筑A3.5级(B06级)蒸压粉煤灰加气混凝土砌块墙100厚(用于无水房间、底无混凝土坎台)	m³	9.74	389.30	3 791.78
43	010402001009		砌块墙 【项目特征】 1. 砌块品种、规格、强度等级：小型混凝土空心砌块 2. 墙体类型：190厚 3. 砂浆强度等级：M7.5预拌砂浆 4. 部位：女儿墙	m³	3.36	376.27	1 264.27
44	4—16	换	M7.5普通混凝土小型空心砌块	m³	3.36	376.27	1 264.27
45	0105		混凝土及钢筋混凝土工程		1	2 119 700.18	2 119 700.18
46	010501		现浇混凝土基础		1	166 329.43	166 329.43
47	010501001001		垫层 【项目特征】 1. 混凝土种类：商品混凝土 2. 混凝土强度等级：C15	m³	37.34	486.31	18 158.82

续表

序号	清单或定额编号	换	定额名称	单位	工程量	综合单价	合价
48	6—178	换	C15 现浇垫层	m³	37.34	486.31	18 158.82
49	010501003001		独立基础 【项目特征】 1. 混凝土种类：商品混凝土 2. 混凝土强度等级：C30	m³	298.22	496.85	148 170.61
50	6—185	换	C30 现浇桩承台独立柱基	m³	298.22	496.85	148 170.61
51	010502		现浇混凝土柱		1	160 446.19	160 446.19
52	010502001001		矩形柱 【项目特征】 1. 混凝土种类：商品混凝土 2. 混凝土强度等级：C40 3. 截面尺寸：周长 2.5 m 内 4. 支模高度：8.0 m 内 5. 部位：首层柱	m³	18.55	492.30	9 132.17
53	6—190	换	泵送现浇构件 C40 现浇矩形柱	m³	18.55	492.30	9 132.17
54	010502001002		矩形柱 【项目特征】 1. 混凝土种类：商品混凝土 2. 混凝土强度等级：C40 3. 截面尺寸：周长 3.6 m 内 4. 支模高度：8.0 m 内 5. 部位：首层柱	m³	73.85	492.30	36 356.36
55	6—190	换	泵送现浇构件 C40 现浇矩形柱	m³	73.85	492.30	36 356.36
56	010502001003		矩形柱 【项目特征】 1. 混凝土种类：商品混凝土 2. 混凝土强度等级：C40 3. 截面尺寸：周长 5.0 m 内 4. 支模高度：8.0 m 内 5. 部位：首层柱	m³	6	492.30	2 953.80

续表

序号	清单或定额编号	换	定额名称	单位	工程量	综合单价	合价
57	6－190	换	泵送现浇构件 C40 现浇矩形柱	m³	6	492.30	2 953.80
58	010502001004		矩形柱 【项目特征】 1. 混凝土种类：商品混凝土 2. 混凝土强度等级：C35 3. 截面尺寸：周长 2.5 m 内 4. 支模高度：3.6 m 内 5. 部位：二层柱	m³	30.45	492.30	14 990.54
59	6－190	换	泵送现浇构件 C35 现浇矩形柱	m³	30.45	492.30	14 990.54
60	010502001005		矩形柱 【项目特征】 1. 混凝土种类：商品混凝土 2. 混凝土强度等级：C35 3. 截面尺寸：周长 3.6 m 内 4. 支模高度：3.6 m 内 5. 部位：二层柱	m³	7.66	492.30	3 771.02
61	6－190	换	泵送现浇构件 C35 现浇矩形柱	m³	7.66	492.30	3 771.02
62	010502001006		矩形柱 【项目特征】 1. 混凝土种类：商品混凝土 2. 混凝土强度等级：C35 3. 截面尺寸：周长 5.0 m 内 4. 支模高度：3.6 m 内 5. 部位：二层柱	m³	3.02	492.30	1 486.75
63	6－190	换	泵送现浇构件 C35 现浇矩形柱	m³	3.02	492.30	1 486.75

续表

序号	清单或定额编号	换	定额名称	单位	工程量	综合单价	合价
64	010502001007		矩形柱 【项目特征】 1. 混凝土种类：商品混凝土 2. 混凝土强度等级：C30 3. 截面尺寸：周长2.5 m内 4. 支模高度：3.6 m内 5. 部位：三层至顶层柱	m³	33.75	569.86	19 232.78
65	6－190	换	泵送现浇构件 C30 现浇矩形柱	m³	33.75	569.86	19 232.78
66	010502001008		矩形柱 【项目特征】 1. 混凝土种类：商品混凝土 2. 混凝土强度等级：C30 3. 截面尺寸：周长3.6 m内 4. 支模高度：3.6 m内 5. 部位：三层至顶层柱	m³	7.46	569.86	4 251.16
67	6－190	换	泵送现浇构件 C30 现浇矩形柱	m³	7.46	569.86	4 251.16
68	010502001009		矩形柱 【项目特征】 1. 混凝土种类：商品混凝土 2. 混凝土强度等级：C35 3. 截面尺寸：周长1.6 m内 4. 支模高度：3.6 m内 5. 部位：首层楼梯柱	m³	3.34	492.30	1 644.28
69	6－190	换	泵送现浇构件 C35 现浇矩形柱	m³	3.34	492.30	1 644.28
70	010502001010		矩形柱 【项目特征】 1. 混凝土种类：商品混凝土 2. 混凝土强度等级：C30 3. 截面尺寸：周长1.6 m内 4. 支模高度：3.6 m内 5. 部位：二层至三层楼梯柱	m³	1.6	569.86	911.78

续表

序号	清单或定额编号	换	定额名称	单位	工程量	综合单价	合价
71	6-190	换	泵送现浇构件 C30 现浇矩形柱	m³	1.6	569.86	911.78
72	010502001011		矩形柱 【项目特征】 1. 混凝土种类：商品混凝土 2. 混凝土强度等级：C30 3. 截面尺寸：周长 1.6 m 内 4. 支模高度：3.6 m 内 5. 部位：坡屋面梁上柱和水箱柱	m³	8.43	569.86	4 803.92
73	6-190	换	泵送现浇构件 C30 现浇矩形柱	m³	8.43	569.86	4 803.92
74	010502002001		构造柱 【项目特征】 1. 混凝土种类：商品混凝土 2. 混凝土强度等级：C20 3. 部位：构造柱	m³	87.39	682.22	59 619.21
75	6-316	换	非泵送现浇构件 C20 构造柱	m³	87.39	682.22	59 619.21
76	010502002002		构造柱 【项目特征】 1. 混凝土种类：商品混凝土 2. 混凝土强度等级：C20 3. 部位：洞口边框	m³	2.22	582.17	1 292.42
77	6-346		非泵送现浇构件 C20 门框	m³	2.22	582.17	1 292.42
78	010 503		现浇混凝土梁		1	49 930.85	49 930.85
79	010503002001		矩形梁 【项目特征】 1. 混凝土种类：商品混凝土 2. 混凝土强度等级：C30 3. 部位：基础承台拉梁	m³	44.66	541.83	24 198.13
80	6-194		C30 现浇单梁 框架梁 连续梁	m³	44.66	541.83	24 198.13

续表

序号	清单或定额编号	换	定额名称	单位	工程量	金额 综合单价	金额 合价
81	010503002003		矩形梁 【项目特征】 1. 混凝土种类：商品混凝土 2. 混凝土强度等级：C30 3. 支模高度：8.0 m内 4. 部位：一层顶矩形梁	m³	1.95	461.92	900.74
82	6-194	换	C35 现浇单梁 框架梁 连续梁	m³	1.95	461.92	900.74
83	010503002002		矩形梁 【项目特征】 1. 混凝土种类：商品混凝土 2. 混凝土强度等级：C30 3. 支模高度：3.6 m内 4. 部位：二层顶至屋面矩形梁	m³	8.72	541.83	4 724.76
84	6-194	换	C30 现浇单梁 框架梁 连续梁	m³	8.72	541.83	4 724.76
85	010503004002		圈梁 【项目特征】 1. 混凝土种类：商品混凝土 2. 混凝土强度等级：C20 3. 部位：地圈梁	m³	11.44	469.06	5 366.05
86	6-196		泵送现浇构件 C20 现浇圈梁	m³	11.44	469.06	5 366.05
87	010503004001		圈梁 【项目特征】 1. 混凝土种类：商品混凝土 2. 混凝土强度等级：C20 3. 部位：腰梁、窗台梁	m³	23.17	576.53	13 358.20
88	6-320		非泵送现浇构件 C20 圈梁	m³	23.17	576.53	13 358.20
89	010503005001		过梁 【项目特征】 1. 混凝土种类：商品混凝土 2. 混凝土强度等级：C20	m³	2.21	625.78	1 382.97

续表

序号	清单或定额编号	换	定额名称	单位	工程量	综合单价	合价
90	6-321		非泵送现浇构件 C20 过梁	m³	2.21	625.78	1 382.97
91	010505		现浇混凝土板	m³	1	462 513.79	462 513.79
92	010505001001		有梁板 【项目特征】 1. 混凝土种类：商品混凝土 2. 混凝土强度等级：C35 3. 板厚：100 mm 内 4. 支模高度：8 m 内	m³	21.85	451.89	9 873.80
93	6-207	换	泵送现浇构件 C35 现浇有梁板	m³	21.85	451.89	9 873.80
94	010505001002		有梁板 【项目特征】 1. 混凝土种类：商品混凝土 2. 混凝土强度等级：C35 3. 板厚：200 mm 内 4. 支模高度：8 m 内	m³	201.14	451.89	90 893.15
95	6-207	换	泵送现浇构件 C35 现浇有梁板	m³	201.14	451.89	90 893.15
96	010505001003		有梁板 【项目特征】 1. 混凝土种类：商品混凝土 2. 混凝土强度等级：C30 3. 板厚：100 mm 内 4. 支模高度：3.6 m 内	m³	84.58	531.80	44 979.64
97	6-207	换	泵送现浇构件 C30 现浇有梁板	m³	84.58	531.80	44 979.64
98	010505001004		有梁板 【项目特征】 1. 混凝土种类：商品混凝土 2. 混凝土强度等级：C30 3. 板厚：200 mm 内 4. 支模高度：3.6 m 内	m³	369.6	531.80	196 553.28

续表

序号	清单或定额编号	换	定额名称	单位	工程量	金额 综合单价	金额 合价
99	6－207	换	泵送现浇构件 C30 现浇有梁板	m³	369.6	531.80	196 553.28
100	010505001007		有梁板 【项目特征】 1. 混凝土种类：商品混凝土 2. 混凝土强度等级：C30 3. 板厚：200 mm 内 4. 支模高度：8.0 m 内	m³	46.92	531.80	24 952.06
101	6－207	换	泵送现浇构件 C30 现浇有梁板	m³	46.92	531.80	24 952.06
102	010505001005		有梁板 【项目特征】 1. 混凝土种类：商品混凝土 2. 混凝土强度等级：C35 3. 板厚：100 mm 内 4. 支模高度：8 m 内 5. 部位：小坡屋面斜板	m³	1	453.56	453.56
103	6－207 备注 6	换	泵送现浇构件 C35 现浇有梁板	m³	1	453.56	453.56
104	010505001006		有梁板 【项目特征】 1. 混凝土种类：商品混凝土 2. 混凝土强度等级：C30 3. 板厚：200 mm 内 4. 支模高度：3.6 m 内 5. 部位：小坡屋面斜板	m³	98.24	533.47	52 408.09
105	6－207 备注 6	换	泵送现浇构件 C30 现浇有梁板	m³	98.24	533.47	52 408.09
106	010505006001		栏板 【项目特征】 1. 混凝土种类：商品混凝土 2. 混凝土强度等级：C30 3. 部位：节点栏板	m³	16.25	616.85	10 023.81

续表

序号	清单或定额编号	换	定额名称	单位	工程量	金额	
						综合单价	合价
107	6-222	换	泵送现浇构件 C30 现浇栏板	m³	16.25	616.85	10 023.81
108	010505006002		栏板 【项目特征】 1. 混凝土种类：商品混凝土 2. 混凝土强度等级：C20 3. 部位：幕墙栏板	m³	0.16	628.03	100.48
109	6-344		非泵送现浇构件 C20 栏板	m³	0.16	628.03	100.48
110	010505008002		雨篷 【项目特征】 1. 混凝土种类：商品混凝土 2. 混凝土强度等级：C35 3. 构件类型：复式雨篷 4. 部位：节点 14-16	m³	5.7	509.92	2 906.54
111	6-216	换	泵送现浇构件 C35 现浇水平挑檐 复式雨篷	10 m² 水平投影面积	4.231	563.25	2 383.11
112	6-218	换	泵送现浇构件 C35 现浇楼梯、雨篷、阳台、台阶混凝土含量每增减	m³	1.063 7	492.12	523.47
113	010505008001		悬挑板 【项目特征】 1. 混凝土种类：商品混凝土 2. 混凝土强度等级：C30	m³	12.27	589.57	7 234.02
114	6-215	换	C30 现浇水平挑檐 板式雨篷	10 m² 水平投影面积	9.104	538.28	4 900.50
115	6-218	换	C30 现浇楼梯、雨篷、阳台、台阶混凝土含量每增减	m³	4.087 5	570.85	2 333.35

续表

序号	清单或定额编号	换	定额名称	单位	工程量	综合单价	合价
116	010507011001		其他构件 【项目特征】 1. 构件的类型：附梁腰线 2. 混凝土种类：商品混凝土 3. 混凝土强度等级：C30	m³	14.6	610.74	8 916.80
117	6—227	换	泵送现浇构件 C30 现浇小型构件	m³	14.6	610.74	8 916.80
118	010507007002		其他构件 【项目特征】 1. 构件的类型：附梁腰线 2. 混凝土种类：商品混凝土 3. 混凝土强度等级：C35	m³	1.92	530.83	1 019.19
119	6—227	换	泵送现浇构件 C35 现浇小型构件	m³	1.92	530.83	1 019.19
120	010507011003		其他构件 【项目特征】 1. 构件的类型：导墙、止水坎 2. 混凝土种类：商品混凝土 3. 混凝土强度等级：C20	m³	21.16	576.53	12 199.37
121	6—320		非泵送现浇构件 C20 圈梁	m³	21.16	576.53	12 199.37
122	010506		现浇混凝土楼梯		1	25 834.89	25 834.89
123	010506001001		直形楼梯 【项目特征】 1. 混凝土种类：商品混凝土 2. 混凝土强度等级：C35	m³	27.03	500.68	13 533.38
124	6—213	换	C35 现浇楼梯 直形	10 m² 水平投影面积	11.133	1 021.54	11 372.80
125	6—218	换	C35 现浇楼梯、雨篷、阳台、台阶混凝土含量每增减	m³	4.390 1	492.12	2 160.46

续表

序号	清单或定额编号	换	定额名称	单位	工程量	金额 综合单价	金额 合价
126	010506001002		直形楼梯 【项目特征】 1. 混凝土种类：商品混凝土 2. 混凝土强度等级：C30	m³	21.2	580.26	12 301.51
127	6—213	换	C30 现浇楼梯 直形	10 m² 水平投影面积	8.777	1 183.70	10 389.33
128	6—218	换	C30 现浇楼梯、雨篷、阳台、台阶混凝土含量每增减	m³	3.349 6	570.85	1 912.12
129	010507		现浇混凝土其他构件		1	53 023.98	53 023.98
130	010507001001		散水 【项目特征】 1. 垫层材料种类、厚度：素土夯实、150 厚碎石灌 M2.5 混合砂浆 2. 面层厚度：60 厚 C20 细石混凝土面层，撒 1∶1 水泥砂子压实赶光 3. 混凝土种类：商品混凝土 4. 变形缝填塞材料种类：密封膏嵌缝 5. 图集：12J003—6B/A2	m²	89.67	119.33	10 700.32
131	13—9 备注 2	换	碎石 干铺	m³	13.450 5	402.57	5 414.77
132	13—18 备注 2＋［13—19］*4	换	C20 找平层 细石混凝土厚 60mm	10 m²	8.967	336.10	3 014.44
133	13—26	换	水泥砂浆 加浆抹光随捣随抹厚 5 mm	10 m²	8.967	108.90	976.51
134	10—170		建筑油膏	10 m	11.208 8	115.30	1 292.37

续表

序号	清单或定额编号	换	定额名称	单位	工程量	综合单价	合价
135	010507001002		坡道 【项目特征】 1. 垫层材料种类、厚度：素土夯实、300厚碎石灌M2.5混合砂浆 2. 面层厚度：100 mm厚C20细石混凝土、30厚1∶3干硬性水泥砂浆结合层 3. 100厚毛面花岗岩面层 4. 部位：残疾人坡道 5. 图集：12J003—12A/A8	m²	7.63	463.13	3 533.68
136	13—9备注2	换	碎石 干铺	m³	2.289	402.57	921.48
137	13—18备注2+[13—19]*12	换	C20找平层 细石混凝土厚100mm	10 m²	0.763	545.63	416.32
138	13—44	换	石材块料面板 干硬性水泥砂浆 楼地面	10 m²	0.763	2 877.66	2 195.65
139	010507001003		坡道 【项目特征】 1. 垫层材料种类、厚度：素土夯实、300厚碎石灌M2.5混合砂浆 2. 面层厚度：100 mm厚C20细石混凝土 3. 50 mm厚C20细石混凝土面层，随捣随抹成粗麻面 4. 部位：细石混凝土坡道 5. 图集：12J003—1A/A7	m²	46.43	211.43	9 816.69
140	13—9备注2	换	碎石 干铺	m³	13.929	402.57	5 607.40
141	13—13	换	C20预拌混凝土 非泵送，不分格垫层	m³	4.643	509.72	2 366.63
142	13—18备注2+[13—19]*2	换	C20找平层 细石混凝土，厚50 mm	10 m²	4.643	284.48	1 320.84

续表

序号	清单或定额编号	换	定额名称	单位	工程量	金额 综合单价	金额 合价
143	13—26	换	水泥砂浆 加浆抹光随捣随抹厚5 mm	10 m²	4.643	112.06	520.29
144	010507002001		室外地坪 【项目特征】 1. 垫层材料种类、厚度：素土夯实、150厚碎石灌M2.5混合砂浆 2. 面层厚度：100 mm厚C25钢筋混凝土垫层内配φ6@200双向单层钢筋网、20厚1：3干硬性水泥砂浆结合层 3. 30厚花岗岩面层 4. 图集：12J003—4B/B5	m²	41.02	388.64	15 942.01
145	13—9备注2	换	碎石 干铺	m³	6.153	402.57	2 477.01
146	13—13	换	C25预拌混凝土 非泵送 不分格垫层	m³	4.102	432.79	1 775.30
147	5—1		现浇混凝土构件钢筋 直径φ12以内	t	0.020 5	5 308.39	108.82
148	13—44	换	石材块料面板 干硬性水泥砂浆 楼地面	10 m²	4.102	2 822.89	11 579.49
149	010507003001		台阶 【项目特征】 1. 垫层材料种类、厚度：素土夯实、150厚碎石灌M2.5混合砂浆 2. 面层厚度：100 mm厚C25钢筋混凝土台阶内配φ6@200双向单层钢筋网、20厚1：3干硬性水泥砂浆结合层 3. 30厚花岗岩面层 4. 图集：12J003—4B/B5	m²	29.54	441.14	13 031.28
150	13—9备注2	换	碎石 干铺	m³	4.431	402.57	1 783.79

续表

序号	清单或定额编号	换	定额名称	单位	工程量	综合单价	合价
151	6—351		非泵送现浇构件 C20 台阶	10 m² 水平投影面积	2.954	879.85	2 599.08
152	5—1		现浇混凝土构件钢筋 直径 φ12 以内	t	0.020 5	5 308.39	108.82
153	13—46	换	石材块料面板 干硬性水泥砂浆 台阶	10 m²	4.893	1 745.27	8 539.61
154	010515		钢筋工程		1	1 171 264.49	1 171 264.49
155	010515001001		现浇构件钢筋 【项目特征】 1. 钢筋种类、规格：HRB400E、直径 φ12 以内 2. 层高：8 m 以内	t	3.759	5 349.53	20 108.88
156	5—1 备注 5	换	现浇混凝土构件钢筋 直径 φ12 以内	t	3.759	5 349.53	20 108.88
157	010515001002		现浇构件钢筋 【项目特征】 1. 钢筋种类、规格：HRB400E、直径 φ12～φ25 以内 2. 层高：8 m 内	t	43.764	4 790.11	209 634.37
158	5—2 备注 5	换	现浇混凝土构件钢筋 直径 φ25 以内	t	43.764	4 790.11	209 634.37
159	010515001003		现浇构件钢筋 【项目特征】 1. 钢筋种类、规格：HRB400E、直径 φ25 以外 2. 层高：8 m 以内	t	10.629	4 790.11	50 914.08
160	5—2 备注 5	换	现浇混凝土构件钢筋 直径 φ25 以内	t	10.629	4 790.11	50 914.08

续表

序号	清单或定额编号	换	定额名称	单位	工程量	金额 综合单价	金额 合价
161	010515001004		现浇构件钢筋 【项目特征】 1. 钢筋种类、规格：HRB335、直径 φ12 以内 2. 层高：8 m 以内	t	36.892	5 349.53	197 354.86
162	5—1 备注 5	换	现浇混凝土构件钢筋 直径 φ12 以内	t	36.892	5 349.53	197 354.86
163	010515001005		现浇构件钢筋 【项目特征】 1. 钢筋种类、规格：BRB335、直径 φ12～φ25 以内 2. 层高：8 m 以内	t	0.17	4 790.11	814.32
164	5—2 备注 5	换	现浇混凝土构件钢筋 直径 φ25 以内	t	0.17	4 790.11	814.32
165	010515001006		现浇构件钢筋 【项目特征】 1. 钢筋种类、规格：HPB300、直径 φ12 以内 2. 层高：8 m 以内	t	0.337	5 349.53	1 802.79
166	5—1 备注 5	换	现浇混凝土构件钢筋 直径 φ12 以内	t	0.337	5 349.53	1 802.79
167	010515001007		现浇构件钢筋 【项目特征】 1. 钢筋种类、规格：BRB400E、直径 φ12 以内 2. 层高：3.6 m 以内	t	5.065	5 308.39	26 887.00
168	5—1	换	现浇混凝土构件钢筋 直径 φ12 以内	t	5.065	5 308.39	26 887.00
169	010515001008		现浇构件钢筋 【项目特征】 1. 钢筋种类、规格：BRB400E、直径 φ12～φ25 以内 2. 层高：3.6 m 以内	t	48.129	4 765.77	229 371.74

续表

序号	清单或定额编号	换	定额名称	单位	工程量	综合单价	合价
170	5-2	换	现浇混凝土构件钢筋 直径 φ25 以内	t	48.129	4 765.77	229 371.74
171	010515001009		现浇构件钢筋 【项目特征】 1. 钢筋种类、规格：HRB400E、直径 φ25 以外 2. 层高：3.6 m 以内	t	1.831	4 765.77	8 726.12
172	5-2	换	现浇混凝土构件钢筋 直径 φ25 以内	t	1.831	4 765.77	8 726.12
173	010515001010		现浇构件钢筋 【项目特征】 1. 钢筋种类、规格：HRB400、直径 φ12 以内 2. 层高：3.6 m 以内	t	66.339	5 308.39	352 153.28
174	5-1	换	现浇混凝土构件钢筋 直径 φ12 以内	t	66.339	5 308.39	352 153.28
175	010515001011		现浇构件钢筋 【项目特征】 1. 钢筋种类、规格：HRB 400、直径 φ12～φ25 以内 2. 层高：3.6 m 内	t	10.617	4 765.77	50 598.18
176	5-2	换	现浇混凝土构件钢筋 直径 φ25 以内	t	10.617	4 765.77	50 598.18
177	010515001012		现浇构件钢筋 【项目特征】 1. 钢筋种类、规格：HPB300、直径 φ12 以内 2. 层高：3.6 m 以内	t	2.113	5 308.39	11 216.63
178	5-1	换	现浇混凝土构件钢筋 直径 φ12 以内	t	2.113	5 308.39	11 216.63

续表

序号	清单或定额编号	换	定额名称	单位	工程量	金额 综合单价	金额 合价
179	010515001013		现浇构件钢筋 【项目特征】 钢筋种类、规格：砌体加固筋	t	1.204	6 867.90	8 268.95
180	5—25	换	砌体、板缝内加固钢筋 不绑扎	t	0.602	6 572.78	3 956.81
181	5—26	换	砌体、板缝内加固钢筋 绑扎	t	0.602	7 162.99	4 312.12
182	010515008001		支撑钢筋（铁马） 【项目特征】 1. 钢筋种类：HRB400、直径 φ12 以内 2. 备注：马凳筋	t	0.643	5 308.39	3 413.29
183	5—1	换	现浇混凝土构件钢筋 直径 φ12 以内	t	0.643	5 308.39	3 413.29
184	010516		螺栓、铁件		1	30 356.56	30 356.56
185	010516003001		机械连接 【项目特征】 1. 连接方式：直螺纹套筒连接 2. 规格：φ25 内	个	1 803	9.12	16 443.36
186	5—33		直螺纹接头 φ25 以内	每10个接头	180.3	91.23	16 448.77
187	010516003002		机械连接 【项目特征】 1. 连接方式：直螺纹套筒连接 2. 规格：φ25 以外	个	528	13.65	7 207.20
188	5—34		直螺纹接头 φ25 以外	每10个接头	52.8	136.37	7 200.34
189	010516004001		钢筋电渣压力焊接头 【项目特征】 钢筋类型、规格：φ25 以内	个	958	7.00	6 706.00

续表

序号	清单或定额编号	换	定额名称	单位	工程量	金额	
						综合单价	合价
190	5—32		电渣压力焊	每10个接头	95.8	69.98	6 704.08
191	0106		金属结构工程		1	58 280.65	58 280.65
192	010607		金属制品		1	58 280.65	58 280.65
193	010607005001		砌块墙钢丝网加固 【项目特征】 1. 材料品种、规格：玻纤网格布 2. 加固方式：砌体墙与柱梁交接处铺贴300宽	m²	560.42	6.98	3 911.73
194	14—27		保温砂浆及抗裂基层 柱、梁、墙面交界处贴网格玻纤布	10 m²	56.042	69.82	3 912.85
195	010607005002		砌块墙钢丝网加固 【项目特征】 1. 材料品种、规格：镀锌钢丝网 2. 加固方式：首层、顶层与楼梯间满铺	m²	2 974.23	18.28	54 368.92
196	14—30	换	热镀锌钢丝网	10 m²	297.423	182.87	54 389.74
197	0108		门窗工程		1	634 157.05	634 157.05
198	010801		木门		1	25 001.97	25 001.97
199	010801004003		木质防火门 【项目特征】 门代号及洞口尺寸：甲级木质防火门	m²	15.34	450.01	6 903.15
200	9—32	换	成品门扇 木质防火门	10 m²	1.534	4 500.12	6 903.18
201	010801004001		木质防火门 【项目特征】 门代号及洞口尺寸：乙级木质防火门	m²	36.78	440.01	16 183.57
202	9—32	换	成品门扇 木质防火门	10 m²	3.678	4 400.12	16 183.64

续表

序号	清单或定额编号	换	定额名称	单位	工程量	金额	
						综合单价	合价
203	010801004002		木质防火门 【项目特征】 门代号及洞口尺寸：丙级木质防火门	m²	4.56	420.01	1 915.25
204	9—32	换	成品门扇　木质防火门	10 m²	0.456	4 200.12	1 915.25
205	010802		金属门		1	78 616.20	78 616.20
206	010802001003		金属(塑钢)门 【项目特征】 1. 框、扇材质：断热铝合金型材 2. 玻璃品种、厚度：6(中透光 Low—e)＋12 A＋6(透明)中空玻璃 3. 种类：平开门	m²	16.56	540.00	8 942.40
207	16—40	换	断热铝合金型材　6(中透光 Low—e)＋12A＋6(透明)中空玻璃　平开门	10 m²	1.656	5 400.00	8 942.40
208	010802001004		金属(塑钢)门 【项目特征】 1. 框、扇材质：断热铝合金型材 2. 玻璃品种、厚度：6(中透光 Low—e)＋12A＋6(透明)中空玻璃 3. 种类：门联窗	m²	60.27	540.00	32 545.80
209	16—40	换	断热铝合金型材　6(中透光 Low—e)＋12A＋6(透明)中空玻璃　门联窗	10 m²	6.027	5 400.00	32 545.80
210	010803001001		金属卷帘(闸)门 【项目特征】 1. 门代号及洞口尺寸：消防车库卷帘门 2. 启动装置品种、规格：带电动装饰	m²	124.8	297.50	37 128.00

续表

序号	清单或定额编号	换	定额名称	单位	工程量	金额 综合单价	金额 合价
211	16—20	换	消防车库卷帘门	10 m²	12.48	2 100.14	26 209.75
212	16—29		电动卷帘门附件安装 电动装置	套	6	1 819.93	10 919.58
213	010807		金属窗		1	530 538.88	530 538.88
214	010807001001		金属(塑钢、断桥)窗 【项目特征】 1. 窗代号及洞口尺寸：平开窗，详见门窗大样 2. 框、扇材质：断热铝合金窗 3. 玻璃品种、厚度：6(中透光 Low—e)+12A+6(透明)中空玻璃	m²	9.03	500.01	4 515.09
215	16—46	换	平开窗 断热铝合金窗 6(中透光 Low—e)+12A+6(透明)中空玻璃	10 m²	0.903	5 000.14	4 515.13
216	010807001002		金属(塑钢、断桥)窗 【项目特征】 1. 窗代号及洞口尺寸：推拉窗，详见门窗大样 2. 框、扇材质：断热铝合金窗 3. 玻璃品种、厚度：6(中透光 Low—e)+12A+6(透明)中空玻璃	m²	405.24	500.01	202 624.05
217	16—46	换	推拉窗 断热铝合金窗 6(中透光 Low—e)+12A+6(透明)中空玻璃	10 m²	40.524	5 000.14	202 625.67

续表

序号	清单或定额编号	换	定额名称	单位	工程量	综合单价	合价
218	010807001004		金属(塑钢、断桥)窗 【项目特征】 1. 窗代号及洞口尺寸：推拉窗，详见门窗大样 2. 框、扇材质：断热铝合金窗 3. 玻璃品种、厚度：6(中透光 Low—e)+12A+6(透明)中空磨砂玻璃 4. 部位：卫生间	m²	42.96	550.01	23 628.43
219	16—46	换	推拉窗　断热铝合金窗　6(中透光 Low—e)+12A+6(透明)中空磨砂玻璃	10 m²	4.296	5 500.14	23 628.60
220	010807001005		金属(塑钢、断桥)窗 【项目特征】 1. 窗代号及洞口尺寸：推拉窗，详见门窗大样 2. 框、扇材质：断热铝合金窗 3. 玻璃品种、厚度：6(中透光 Low—e)+12A+6(透明)中空磨砂玻璃 4. 部位：消防救援窗	m²	31.8	600.01	19 080.32
221	16—46	换	推拉窗　断热铝合金窗　6(中透光 Low—e)+12A+6(透明)中空磨砂玻璃　消防救援窗	10 m²	3.18	6 000.14	19 080.45
222	010807001003		金属(塑钢、断桥)窗 【项目特征】 1. 窗代号及洞口尺寸：固定窗，甲级防火窗，详见门窗大样 2. 框、扇材质：断热铝合金窗 3. 玻璃品种、厚度：6(中透光 Low—e)+12A+6(透明)中空玻璃	m²	4.32	480.01	2 073.64

续表

序号	清单或定额编号	换	定额名称	单位	工程量	综合单价	合价
223	16—46	换	固定窗,甲级防火窗 断热铝合金窗 6(中透光Low—e)+12A+6(透明)中空玻璃	10 m²	0.432	4 800.14	2 073.66
224	011209001001		带骨架幕墙 【项目特征】 1. 骨架材料种类、规格、中距:断热幕墙铝型材 2. 面层材料品种、规格、颜色:6(中透光Low—e)+12A+6(透明)中空玻璃 3. 由专业厂家二次设计	m²	276.02	1 009.41	278 617.35
225	14—152	换	断热幕墙铝型材 6(中透光Low—e)+12A+6(透明)中空玻璃 由专业厂家二次设计	10 m²	27.602	10 094.14	278 618.45
226	0109		屋面及防水工程		1	326 392.14	326 392.14
227	010901		瓦、型材及其他屋面		1	49 905.70	49 905.70
228	010901001001		瓦屋面 【项目特征】 1. 瓦品种、规格:水泥彩瓦 2. 挂瓦条30×25(h)中距按瓦材规格 3. 顺水条30×25(h)中距500	m²	1 073.01	46.51	49 905.70
229	10—7	换	瓦屋面 水泥彩瓦 铺瓦	10 m²	107.301	344.55	36 970.56
230	9—52	换	混凝土斜屋面上钉挂瓦条、顺水条	10 m²斜面积	107.301	120.62	12 942.65
231	010902		屋面防水及其他		1	276 486.44	276 486.44
232	010902001001		屋面卷材防水 【项目特征】 卷材品种、规格、厚度:1.5厚高分子防水卷材	m²	3 078.41	38.01	117 010.36
233	10—32	换	SBS改性沥青防水卷材 热熔满铺法 单层	10 m²	307.841	380.12	117 016.52

续表

序号	清单或定额编号	换	定额名称	单位	工程量	综合单价	合价
234	010902003001		屋面刚性层 【项目特征】 1. 刚性层厚度：50厚C30细石混凝土刚性防水层（内配φ4双向@150）粉平压光 2. 干铺塑料薄膜隔离层 3. 20厚1:3水泥砂浆找平层 4. 屋面建筑找坡：轻质混凝土2%建筑找坡，堆积密度不大于7 kN/m（最薄处30） 5. 混凝土种类：商品混凝土	m²	1 184.27	124.97	147 998.22
235	10－83＋[10－85]＊2	换	刚性防水屋面 C20 非泵送预拌细石混凝土 有分格缝 50 mm厚	10 m²	118.427	510.17	60 417.90
236	5－1	换	现浇混凝土构件钢筋 直径φ12以内	t	1.511 3	5 308.39	8 022.57
237	13－15	换	找平层 水泥砂浆（厚20 mm）混凝土或硬基层上	10 m²	118.427	189.03	22 386.26
238	13－13	换	泡沫混凝土（堆积密度：500 kg/m³）	m³	142.112 4	402.13	57 147.66
239	010902007001		屋面天沟、檐沟 【项目特征】 1. 材料品种、规格：轻质混凝土1%建筑找坡，密度不大于7 kN/m（最薄处30） 2. 20厚1:3水泥砂浆找平层 3. 图集：09J202－1－1/k10	m²	203.42	50.51	10 274.74
240	13－13	换	泡沫混凝土（堆积密度：500 kg/m³）	m³	14.239 4	402.13	5 726.09
241	10－72	换	屋面找平层 水泥砂浆 有分格缝 20 mm厚	10 m²	20.342	223.53	4 547.05

续表

序号	清单或定额编号	换	定额名称	单位	工程量	综合单价	合价
242	01B001		泡沫混凝土填充 【项目特征】 1. 泡沫混凝土（堆积密度：500 kg/m³） 2. 部位：小坡屋面	m³	24.93	48.26	1 203.12
243	13—13	换	泡沫混凝土（堆积密度：500 kg/m³）	m³	2.991 6	402.13	1 203.01
244	0110		保温、隔热、防腐工程		1	526 201.50	526 201.50
245	011001		保温、隔热		1	526 201.50	526 201.50
246	011001001001		保温隔热屋面 【项目特征】 1. 保温隔热材料品种、规格、厚度：65厚挤塑聚苯板 2. 防护材料种类、做法：20厚1∶3水泥砂浆找平层	m²	1 184.27	74.39	88 097.85
247	13—16	换	找平层 水泥砂浆（厚20 mm）在填充材料上	10 m²	118.427	236.80	28 043.51
248	11—15	换	65厚挤塑聚苯板	10 m²	118.427	507.17	60 062.62
249	011001003001		保温隔热墙面 【项目特征】 1. 保温隔热部位：有保温外墙面 2. 4厚聚合物抗裂砂浆满铺镀锌钢丝网，4厚聚合物抗裂防水砂浆 3. 用尼龙膨胀钉固定，膨胀钉间距：水平@300，垂直@300 4. 45厚复合材料保温板（燃烧性能为A级），采用粘贴和锚栓相结合的固定方法 5. 界面剂一道刷在保温板粘贴面上 6. 20厚1∶3水泥防水砂浆（砂加气专用）找平层，3厚专用胶粘剂	m²	3 027.91	142.91	432 718.62

续表

序号	清单或定额编号	换	定额名称	单位	工程量	金额 综合单价	金额 合价
250	14-8	换	抹水泥砂浆 砖墙外墙	10 m²	302.791	316.93	95 963.55
251	11-38	换	外墙外保温45厚复合发泡水泥板 厚度45 mm砖墙面	10 m²	302.791	723.82	219 166.18
252	14-36		保温砂浆及抗裂基层 抗裂砂浆抹面 4+4 mm（钢丝网）	10 m²	302.791	256.37	77 626.53
253	14-28		保温砂浆及抗裂基层 墙面耐碱玻纤网格布 一层	10 m²	-302.791	50.78	-15 375.73
254	14-30		保温砂浆及抗裂基层 热镀锌钢丝网	10 m²	302.791	182.87	55 371.39
255	011001003002		保温隔热墙面 【项目特征】 1. 保温隔热部位：门窗侧边 2. 保温隔热方式：25 mm厚聚苯颗粒保温砂浆	m²	51.15	42.62	2 180.01
256	11-50		外墙聚苯颗粒保温砂浆（厚25 mm）砖墙面、混凝土及砌块墙面	10 m²	5.115	426.16	2 179.81
257	011001003003		保温隔热墙面 【项目特征】 1. 保温隔热部位：空调板 2. 保温隔热方式：25 mm厚聚苯颗粒保温砂浆	m²	75.2	42.62	3 205.02
258	11-50		外墙聚苯颗粒保温砂浆（厚25 mm）砖墙面、混凝土及砌块墙面	10 m²	7.52	426.16	3 204.72
259	0111		楼地面装饰工程		1	146 240.93	146 240.93
260	011101		整体面层及找平层		1	126 378.71	126 378.71

续表

序号	清单或定额编号	换	定额名称	单位	工程量	金额 综合单价	金额 合价
261	011101003001		耐磨混凝土面层 【项目特征】 1.50厚C25彩色耐磨混凝土面层 2.水泥浆一道（内掺建筑胶） 3.200厚C15混凝土垫层，内配HRB400钢筋φ8@150钢筋网 4.150厚碎石灌M2.5混合砂浆振捣密实 5.部位：消防车库地面	m²	494.73	211.38	104 576.03
262	13－9备注2	换	垫层 碎石 干铺	m³	74.209 5	394.55	29 279.36
263	13－14		C15预拌混凝土 非泵送 分格垫层	m³	98.946	435.42	43 083.07
264	5－1		现浇混凝土构件钢筋 直径φ12以内	t	2.735 9	5 308.39	14 523.22
265	13－26	换	水泥砂浆 加浆抹光随捣随抹厚5 mm	10 m²	49.473	112.06	5 543.94
266	13－18备注2+[13－19]*2	换	C25找平层 细石混凝土厚50 mm	10 m²	49.473	245.46	12 143.64
267	011101001001		水泥砂浆楼地面 【项目特征】 1.20厚1:3水泥砂浆找平 2.80厚C15混凝土垫层 3.部位：卫生间地面	m²	22.62	51.97	1 175.56
268	13－15	换	找平层 水泥砂浆（厚20 mm）混凝土或硬基层上	10 m²	2.262	189.03	427.59
269	13－13		C15预拌混凝土 非泵送 不分格垫层	m³	1.809 6	413.07	747.49

续表

序号	清单或定额编号	换	定额名称	单位	工程量	金额 综合单价	金额 合价
270	011101001002		水泥砂浆楼地面 【项目特征】 1. 80 厚 C15 混凝土垫层 2. 部位：餐厅、楼梯间地面	m²	315.87	33.06	10 442.66
271	13—13		C15 预拌混凝土 非泵送 不分格垫层	m³	25.269 6	413.07	10 438.11
272	011101001003		水泥砂浆楼地面 【项目特征】 1. 80 厚 C15 混凝土垫层 2. 部位：一般地面	m²	308.06	33.06	10 184.46
273	13—13		C15 预拌混凝土 非泵送 不分格垫层	m³	24.644 8	413.07	10 180.03
274	011106		楼梯面层		1	19 862.22	19 862.22
275	011106004001		水泥砂浆楼梯面层 【项目特征】 找平层厚度、砂浆配合比： 1∶3 水泥砂浆楼梯	m²	199.1	99.76	19 862.22
276	13—24	换	水泥砂浆 楼梯	10 m² 水平投影面积	19.91	997.62	19 862.61
277	0112		墙、柱面装饰与隔断、幕墙工程		1	224 005.47	224 005.47
278	011201		墙面抹灰		1	172 761.98	172 761.98
279	011201001002		墙面一般抹灰 【项目特征】 1. 底层厚度、砂浆配合比： 界面剂 1 道＋15 厚 DPM5 预拌抹灰砂浆打底 2. 面层厚度、砂浆配合比： 5 厚 DPM5 预拌抹灰砂浆粉面 3. 所有内墙面	m²	4 955.88	34.86	172 761.98
280	14—31		刷界面剂 混凝土面	10 m²	495.588	49.83	24 695.15

续表

序号	清单或定额编号	换	定额名称	单位	工程量	金额 综合单价	金额 合价
281	14—78		混凝土墙、柱、梁面每增一遍 刷901胶素水泥浆	10 m²	−495.588	17.55	−8 697.57
282	14—11	换	抹水泥砂浆 混凝土墙内墙	10 m²	495.588	316.22	156 714.84
283	011202		柱(梁)面抹灰		1	42 391.14	42 391.14
284	011202001002		柱、梁面一般抹灰 【项目特征】 1. 做法：界面剂1道＋12厚1∶3水泥砂浆粉刷＋8厚1∶2.5水泥砂浆粉刷 2. 部位：室内独立柱及凸出墙面柱	m²	894.7	43.55	38 964.19
285	14—31		刷界面剂 混凝土面	10 m²	89.47	49.83	4 458.29
286	14—23	换	抹水泥砂浆 矩形混凝土柱、梁面	10 m²	89.47	402.95	36 051.94
287	14—78		混凝土墙、柱、梁面每增一遍 刷901胶素水泥浆	10 m²	−89.47	17.55	−1 570.20
288	011202001003		柱、梁面一般抹灰 【项目特征】 1. 做法：界面剂1道＋12厚1∶3水泥砂浆粉刷＋8厚1∶2.5水泥砂浆粉刷 2. 部位：室外独立柱	m²	78.69	43.55	3 426.95
289	14—31		刷界面剂 混凝土面	10 m²	7.869	49.83	392.11
290	14—23	换	抹水泥砂浆 矩形混凝土柱、梁面	10 m²	7.869	402.95	3 170.81
291	14—78		混凝土墙、柱、梁面每增一遍 刷901胶素水泥浆	10 m²	−7.869	17.55	−138.10
292	011203		零星抹灰		1	8 852.35	8 852.35

续表

序号	清单或定额编号	换	定额名称	单位	工程量	金额	
						综合单价	合价
293	011203001001		零星项目一般抹灰 【项目特征】 1. 面层厚度、砂浆配合比：防水砂浆抹面 2. 部位：空调板、雨篷 3. 清单量同计价量	m²	69.83	126.77	8 852.35
294	14—14	换	抹水泥砂浆 阳台、雨篷	10 m²水平投影面积	6.983	1 267.71	8 852.42
295	0114		油漆、涂料、裱糊工程		1	136 017.20	136 017.20
296	011 407		喷刷涂料		1	136 017.20	136 017.20
297	011407001003		墙面喷刷涂料 【项目特征】 喷刷涂料部位：新型防水外墙涂料（色彩及范围详见立面）	m²	3 400.43	40.00	136 017.20
298	17—197	换	新型防水外墙涂料	10 m²	340.043	400.01	136 020.60
299	0115		其他装饰工程		1	114 134.52	114 134.52
300	011503		扶手、栏杆、栏板装饰		1	71 331.32	71 331.32
301	011503001001		金属扶手、栏杆、栏板 【项目特征】 1. 栏杆高度：400 高 D30 不锈钢管护栏 2. 部位：护窗栏杆 3. 图集：详见设计图纸	m	13.45	120.01	1 614.13
302	13—149	换	400 高 D30 不锈钢管护栏 护窗栏杆	10 m	1.345	1 200.14	1 614.19
303	011503001006		金属扶手、栏杆、栏板 【项目特征】 1. 栏杆高度：1 150 高 D30 不锈钢管护栏 2. 部位：楼梯护窗栏杆 3. 图集：详见设计图纸	m	31.2	180.01	5 616.31

续表

序号	清单或定额编号	换	定额名称	单位	工程量	综合单价	合价
304	13—149	换	1 150 高 D30 不锈钢管护栏 楼梯护窗栏杆	10 m	3.12	1 800.14	5 616.44
305	011503001002		金属扶手、栏杆、栏板 【项目特征】 1. 扶手材料种类、规格：木扶手金属栏杆 2. 栏杆高度：900 mm 高 3. 部位：楼梯栏杆 4. 图集：15J403-1-A4B4 型	m	115.08	280.01	32 223.55
306	13—149	换	木扶手金属栏杆 900 mm 高 楼梯栏杆	10 m	11.508	2 800.14	32 224.01
307	011503001007		金属扶手、栏杆、栏板 【项目特征】 1. 扶手材料种类、规格：木扶手 2. 栏杆高度：楼梯二靠墙扶手 3. 部位：楼梯二靠墙扶手	m	27.62	45.01	1 243.18
308	13—149	换	木扶手 楼梯二靠墙扶手	10 m	2.762	450.14	1 243.29
309	011503001003		金属扶手、栏杆、栏板 【项目特征】 1. 扶手材料种类、规格：40×80 钢方管栏杆（主立杆及横杆） 2. 栏杆材料种类、规格：40×50 钢方管次立杆，钢方管壁厚 2.5 厚 3. 栏杆高度：600 高 4. 部位：露台栏杆 5. 图集：详见设计图纸	m	13.45	160.01	2 152.13

续表

序号	清单或定额编号	换	定额名称	单位	工程量	金额 综合单价	金额 合价
310	13—149	换	600高 露台栏杆	10 m	1.345	1 600.14	2 152.19
311	011503001004		金属扶手、栏杆、栏板 【项目特征】 1. 栏杆高度：700高 D30不锈钢管护栏 2. 部位：室外空调栏杆 3. 图集：详见图纸设计	m	80.18	170.01	13 631.40
312	13—150	换	700高 D30不锈钢管护栏 室外空调栏杆	10 m	8.018	1 700.14	13 631.72
313	011503001005		金属扶手、栏杆、栏板 【项目特征】 1. 栏杆高度：900 mm高 2. 部位：无障碍坡道栏杆 3. 图集：12J926—C/H4	m	12.03	280.01	3 368.52
314	13—149	换	900 mm高 无障碍坡道栏杆	10 m	1.203	2 800.14	3 368.57
315	010807003001		金属百叶窗 【项目特征】 窗代号及洞口尺寸：成品棕色铝合金装饰百叶	m²	49.92	230.01	11 482.10
316	16—6	换	成品棕色铝合金装饰百叶	10 m²	4.992	2 300.14	11 482.30
317	011 506		雨篷		1	42 803.20	42 803.20
318	011506003001		玻璃雨篷 【项目特征】 1. 轻钢结构雨篷 2. 由专业厂家二次设计	m²	48.89	875.50	42 803.20
319	15—77	换	轻钢结构雨篷 由专业厂家二次设计	10 m²	4.889	8 755.00	42 803.20
			合　计				4 967 337.52

3.3.4 措施项目费综合单价

措施项目费综合单价见表3-7。

表 3-7 措施项目费综合单价　　工程名称：备勤楼(土建)

序号	项目编号	换	项目名称	单位	工程量	金额 单价	金额 合价
1	011701001001		安全文明施工费	项	1	222 208.65	222 208.65
1.1			基本费	项	1	191 879.34	191 879.34
1.2			增加费	项	1	30 329.31	30 329.31
2	011701002001		夜间施工	项	1	3 094.83	3 094.83
3	011701003001		非夜间施工照明	项	1		
4	011701004001		二次搬运	项	1		
5	011701005001		冬雨期施工	项	1	7 737.07	7 737.07
6	011701009001		地上、地下设施、建筑物的临时保护设施	项	1		
7	011701010001		已完工程及设备保护	项	1	1 547.41	1 547.41
8	011701001001		临时设施	项	1	102 129.32	102 129.32
9	011707009001		赶工措施	项	1		
10	011707010001		工程按质论价	项	1		
11	011707011001		住宅分户验收	项	1		
12	011707012001		特殊条件下施工增加费	项	1		
	011701		脚手架工程		1	165 271.35	165 271.35
1	011702001001		综合脚手架 【项目特征】 1. 建筑结构形式：框架结构 2. 檐口高度：13.55 m	m²	3 383.13	46.51	157 349.38
	20—7		综合脚手架　檐高在 12 m 以上 层高在 8 m 内	每 1 m² 建筑面积	1 252.93	88.61	111 022.13
	20—5		综合脚手架　檐高在 12 m 以上 层高在 3.6 m 内	每 1 m² 建筑面积	2 130.2	21.75	46 331.85
2	011702006001		满堂脚手架 【项目特征】 搭设方式：浇捣脚手架	m²	1 265.49	6.26	7 921.97

续表

序号	项目编号	换	项目名称	单位	工程量	金额 单价	金额 合价
	20—21 备注 4	换	满堂脚手架 基本层 高 8 m 以内	10 m²	126.549	62.54	7 914.37
	011704		垂直运输		1	136 678.45	136 678.45
3	011704001001		垂直运输 【项目特征】 1. 建筑物建筑类型及结构形式：框架结构 2. 建筑物檐口高度、层数：13.55	m²	3 383.13	40.40	136 678.45
	23—8 备注 2 备注 3	换	塔式起重机施工 现浇框架檐口高度 20 m 以内（6 层以内）	天	227.05	602.00	136 684.10
	011705		大型机械设备进出场及安拆		1	67 987.63	67 987.63
4	011701006001		大型机械设备进出场及安拆 【项目特征】 机械设备名称：塔式起重机械	台次	1	62 173.64	62 173.64
	23—52	换	自升式塔式起重机起重能力在 630 kN·m 以内（商品混凝土）(非泵送)	台	1	33 059.52	33 059.52
	25—38		塔式起重机 630 kN·m 以内场外运输费用	次	1	13 480.28	13 480.28
	25—39		塔式起重机 630 kN·m 以内组装拆卸费	次	1	15 633.84	15 633.84
5	011701006002		大型机械设备进出场及安拆 【项目特征】 机械设备名称：履带式挖掘机	项	1	5 813.99	5 813.99
	25—1		履带式挖掘机 1 m³ 以内 场外运输费用	次	1	5 813.99	5 813.99
	011702		混凝土模板及支架（撑）		1	852 381.03	852 381.03

续表

序号	项目编号	换	项目名称	单位	工程量	金额 单价	金额 合价
6	011702001001		基础 【项目特征】 1. 混凝土种类：商品混凝土 2. 混凝土强度等级：C15	m²	37.34	73.61	2 748.60
	21—2		混凝土垫层 复合木模板	10 m²	3.734	736.22	2 749.05
7	011702001002		基础 【项目特征】 1. 混凝土种类：商品混凝土 2. 混凝土强度等级：C30	m²	560.65	63.84	35 791.90
	21—12 备注 1	换	基础 各种柱基、桩承台 复合木模板	10 m²	56.065 4	638.47	35 796.08
8	011703007001		矩形柱 【项目特征】 1. 混凝土种类：商品混凝土 2. 混凝土强度等级：C40 3. 截面尺寸：周长 2.5 m 内 4. 支模高度：8.0 m 内 5. 部位：首层柱	m²	559.01	92.66	51 797.87
	21—27 备注 3、备注 5	换	现浇构件 矩形柱 复合木模板	10 m²	41.060 6	926.49	38 042.24
	21—27 备注 3、备注 5	换	现浇构件 矩形柱 复合木模板	10 m²	14.84	926.49	13 749.11
9	011703007002		矩形柱 【项目特征】 1. 混凝土种类：商品混凝土 2. 混凝土强度等级：C40 3. 截面尺寸：周长 5.0 m 内 4. 支模高度：8.0 m 内 5. 部位：首层柱	m²	23.34	96.87	2 260.95
	21—27 备注 3、备注 5、备注 6	换	现浇构件 矩形柱 复合木模板	10 m²	2.334	968.71	2 260.97

续表

序号	项目编号	换	项目名称	单位	工程量	金额 单价	金额 合价
10	011703007003		矩形柱 【项目特征】 1. 混凝土种类：商品混凝土 2. 混凝土强度等级：C35 3. 截面尺寸：周长 2.5 m 内 4. 支模高度：3.6 m 内 5. 部位：二层柱	m²	775.89	65.35	50 704.41
	21—27 备注 5	换	现浇构件 矩形柱 复合木模板	10 m²	11.237 2	653.53	7 343.85
	21—27 备注 5	换	现浇构件 矩形柱 复合木模板	10 m²	2.132 8	653.53	1 393.85
	21—27 备注 5	换	现浇构件 矩形柱 复合木模板	10 m²	4.452 2	653.53	2 909.65
	21—27 备注 5	换	现浇构件 矩形柱 复合木模板	10 m²	4.147 8	653.53	2 710.71
	21—27 备注 5	换	现浇构件 矩形柱 复合木模板	10 m²	27	653.53	17 645.31
	21—27 备注 5	换	现浇构件 矩形柱 复合木模板	10 m²	4.259	653.53	2 783.38
	21—27 备注 5	换	现浇构件 矩形柱 复合木模板	10 m²	24.36	653.53	15 919.99
11	011703007004		矩形柱 【项目特征】 1. 混凝土种类：商品混凝土 2. 混凝土强度等级：C35 3. 截面尺寸：周长 5.0 m 内 4. 支模高度：3.6 m 内 5. 部位：二层柱	m²	11.75	69.57	817.45
	21—27 备注 5 备注 6	换	现浇构件 矩形柱 复合木模板	10 m²	1.174 8	695.75	817.37

续表

序号	项目编号	换	项目名称	单位	工程量	金额 单价	金额 合价
12	011703008001		构造柱 【项目特征】 1. 混凝土种类：商品混凝土 2. 混凝土强度等级：C20 3. 部位：构造柱	m²	970.03	78.83	76 467.46
	21—32 备注5	换	现浇构件 构造柱 复合木模板	10 m²	97.002 9	788.37	76 474.18
13	011703008002		构造柱 【项目特征】 1. 混凝土种类：商品混凝土 2. 混凝土强度等级：C20 3. 部位：洞口边框	m²	26.82	84.18	2 257.71
	21—96 备注1	换	现浇构件 门框 复合木模板	10 m²	2.681 8	841.88	2 257.75
14	011703007001		矩形梁 【项目特征】 1. 混凝土种类：商品混凝土 2. 混凝土强度等级：C30 3. 部位：基础承台拉梁	m²	463.34	72.04	33 379.01
	21—36 备注5	换	挑梁、单梁、连续梁、框架梁 复合木模板	10 m²	7.569	720.32	5 452.10
	21—36 备注5	换	挑梁、单梁、连续梁、框架梁 复合木模板	10 m²	38.764 9	720.32	27 923.13
15	011703007002		矩形梁 【项目特征】 1. 混凝土种类：商品混凝土 2. 混凝土强度等级：C30 3. 支模高度：8.0 m内 4. 部位：一层顶矩形梁	m²	16.93	100.60	1 703.16
	21—36 备注3 备注5	换	挑梁、单梁、连续梁、框架梁 复合木模板	10 m²	1.692 6	1 006.19	1 703.08

续表

序号	项目编号	换	项目名称	单位	工程量	金额 单价	金额 合价
16	011703013001		圈梁 【项目特征】 1. 混凝土种类：商品混凝土 2. 混凝土强度等级：C20 3. 部位：地圈梁	m²	288.3	58.79	16 949.16
	21—42 备注5	换	现浇构件　圈梁、地坑支撑梁　复合木模板	10 m²	19.300 6	587.67	11 342.38
	21—42 备注5	换	现浇构件　圈梁、地坑支撑梁　复合木模板	10 m²	9.529 5	587.67	5 600.20
17	011703014001		过梁 【项目特征】 1. 混凝土种类：商品混凝土 2. 混凝土强度等级：C20	m²	26.52	76.84	2 037.80
	21—44		现浇构件　过梁　复合木模板	10 m²	2.652	768.33	2 037.61
18	011703019001		有梁板 【项目特征】 1. 混凝土种类：商品混凝土 2. 混凝土强度等级：C35 3. 板厚：100 mm内 4. 支模高度：8 m内	m²	233.8	71.97	16 826.59
	21—57 备注4 备注5	换	现浇构件　现浇板厚度10 cm内　复合木模板	10 m²	23.379 5	719.86	16 829.97
19	011703019002		有梁板 【项目特征】 1. 混凝土种类：商品混凝土 2. 混凝土强度等级：C35 3. 板厚：200 mm内 4. 支模高度：8 m内	m²	2001.84	82.53	165 211.86
	21—59 备注4 备注5	换	现浇构件　现浇板厚度20 cm内　复合木模板	10 m²	37.864 4	825.41	31 253.65

续表

序号	项目编号	换	项目名称	单位	工程量	金额 单价	金额 合价
	21—59 备注 4 备注 5	换	现浇构件 现浇板厚度 20 cm 内 复合木模板	10 m²	162.32	825.41	133 980.55
20	011703019003		有梁板 【项目特征】 1. 混凝土种类：商品混凝土 2. 混凝土强度等级：C30 3. 板厚：100 mm 内 4. 支模高度：3.6 m 内	m²	905.01	52.70	47 694.03
	21—57 备注 5	换	现浇构件 现浇板厚度 10 cm 内 复合木模板	10 m²	90.500 6	527.00	47 693.82
21	011703019004		有梁板 【项目特征】 1. 混凝土种类：商品混凝土 2. 混凝土强度等级：C30 3. 板厚：200 mm 内 4. 支模高度：3.6 m 内	m²	2 982.67	59.68	178 005.75
	21—59 备注 5	换	现浇构件 现浇板厚度 20 cm 内 复合木模板	10 m²	298.267 2	596.74	177 987.97
22	011703019005		有梁板 【项目特征】 1. 混凝土种类：商品混凝土 2. 混凝土强度等级：C35 3. 板厚：100 mm 内 4. 支模高度：8 m 内 5. 部位：小坡屋面斜板	m²	10.7	88.47	946.63
	21—57 备注 4、备注 5、备注 7	换	现浇构件 现浇板厚度 10 cm 内 复合木模板	10 m²	1.07	884.64	946.56
23	011703019006		有梁板 【项目特征】 1. 混凝土种类：商品混凝土 2. 混凝土强度等级：C30 3. 板厚：200 mm 内 4. 支模高度：3.6 m 内 5. 部位：小坡屋面斜板	m²	792.8	72.33	57 343.22

续表

序号	项目编号	换	项目名称	单位	工程量	金额 单价	金额 合价
	21—59备注5 备注7	换	现浇构件 现浇板厚度20 cm内 复合木模板	10 m²	79.279 7	723.44	57 354.11
24	011703024001		栏板 【项目特征】 1. 混凝土种类：商品混凝土 2. 混凝土强度等级：C30 3. 部位：节点栏板	m²	410.25	71.33	29 263.13
	21—87备注1	换	现浇构件 竖向挑板、栏板 复合木模板	10 m²	0.4	713.21	285.28
	21—87备注1	换	现浇构件 竖向挑板、栏板 复合木模板	10 m²	40.625	713.21	28 974.16
25	011703027001		雨篷、悬挑板、阳台板 【项目特征】 1. 混凝土种类：商品混凝土 2. 混凝土强度等级：C35 3. 构件类型：复式雨篷 4. 部位：节点14～16	m²	42.31	120.04	5 078.89
	21—78		现浇构件 复式雨篷 复合木模板	10 m² 水平投影面积	4.231	1 200.33	5 078.60
26	011703027002		雨篷、悬挑板、阳台板 【项目特征】 1. 混凝土种类：商品混凝土 2. 混凝土强度等级：C30	m²	91.04	92.10	8 384.78
	21—76		现浇构件 水平挑檐、板式雨篷 复合木模板	10 m² 水平投影面积	9.104	921.05	8 385.24
27	011702025001		其他现浇构件 【项目特征】 1. 构件的类型：附梁腰线 2. 混凝土种类：商品混凝土 3. 混凝土强度等级：C30	m²	297.36	75.71	22 513.13

续表

序号	项目编号	换	项目名称	单位	工程量	金额	
						单价	合价
	21—89 备注1	换	现浇构件 檐沟小型构件 木模板	10 m²	3.456	757.15	2 616.71
	21—89 备注1	换	现浇构件 檐沟小型构件 木模板	10 m²	26.28	757.15	19 897.90
28	011702025002		其他现浇构件 【项目特征】 1. 构件的类型：导墙、止水坎 2. 混凝土种类：商品混凝土 3. 混凝土强度等级：C20	m²	176.26	58.26	10 268.91
	21—42		现浇构件 圈梁、地坑支撑梁 复合木模板	10 m²	17.626 3	582.57	10 268.55
29	011702024001		楼梯 【项目特征】 1. 混凝土种类：商品混凝土 2. 混凝土强度等级：C35	m²	199.1	170.41	33 928.63
	21—74		楼梯 复合木模板	10 m² 水平投影面积	8.777	1 704.03	14 956.27
	21—74		楼梯 复合木模板	10 m² 水平投影面积	11.133	1 704.03	18 970.97

3.3.5 规费、税金清单计价表

规费、税金清单计价表见表 3-7。

表 3-7 规费、税金清单计价表

工程名称：备勤楼（土建）

序号	项目名称	计算基础	费率/%	金额/元
1	规费	工程排污费＋社会保险费＋住房公积金	100.000	255 705.09
1.1	社会保险费	分部分项工程费＋措施项目费＋其他项目费－除税工程设备费	3.200	213 643.94

续表

序号	项目名称	计算基础	费率/%	金额/元
1.2	住房公积金	分部分项工程费+措施项目费+其他项目费-除税工程设备费	0.530	35 384.78
1.3	工程排污费	分部分项工程费+措施项目费+其他项目费-除税工程设备费	0.100	6 676.37
2	税金	分部分项工程费+措施项目费+其他项目费+规费-除税甲供材料和甲供设备费/1.01	11.000	762 528.62
合 计				1 018 233.71

3.3.6 施工图图纸

建筑施工图图纸　　　　　结构施工图图纸

模块 4　单位工程施工组织设计

4.1　课程标准

1. 实习/实训课程性质

建筑施工组织毕业设计是工程管理专业学生毕业之前的综合能力训练项目，旨在让学生综合运用所学课程理论和实践知识，进行系统、完整、规范的建筑施工组织的编写，毕业设计是对所学知识的系统总结、巩固、加深、提高和综合，达到对学生几年来专业学习知识的综合检验。

2. 实习/实训课程设计思路

毕业设计是学生在毕业前的最后学习和深层训练阶段，是深化拓宽知识的重要过程，是学生学习与实践成果的全面总结，是学生完成在校全部基础和专业课程以后，所进行最后的学习和实践性综合训练阶段。其目的是通过毕业设计巩固、深化和扩展所学知识，培养和锻炼学生综合运用所学技术基础课、专业课知识和相应技术，解决工程实际问题的能力，使学生在理论分析、工程实践等方面的综合能力得到锻炼和提高。

随着现代化工程建设项目规模的不断扩大，施工技术难度与质量要求的不断提高，建设领域施工管理的复杂程度和难度也越来越高。施工组织设计是指导工程施工准备和施工全过程的技术经济文件。本设计是通过一个具体的单位工程施工组织设计，使学生在科学组织与管理工程施工生产过程中对工程施工的施工方案、质量、进度、安全和成本控制等方面，有一个全面的了解和掌握，锻炼学生独立思考的工作作风，增强学生的工程实践意识和创新能力，为今后从事本专业工作打下坚实的基础。

3. 实习/实训课程目标

（1）知识目标：巩固和扩展学生所学的基本理论和专业知识，培养学生综合运用所学知识、技能分析和解决实际问题的能力；通过毕业设计，学习全面运用各种设计规范、标准、手册、参数等。

（2）能力目标：能根据工程背景和工程规模合理安排施工现场平面布置图，高效利用人、材、机现场资源，针对工程特点选择分项分部工程的施工方案，依据相关的技术规程验证所选方案的合理性并能采取可行质量控制措施，合理安排进度。提高全面处理建筑、结构、经济、设备、施工、监理等方面的能力，培养独立工作和集体协作的能力。

(3)技能目标：进一步训练学生查阅规范和文献的能力，提高利用计算机编写设计和绘图能力，加强学生对施工组织设计中图、案、表编制及计算等方面的能力和技巧，培养学生编制施工组织指导施工的能力。

4. 实习/实训选题原则和范围

(1)选题原则：以实际工程为背景，尽量选择有一定难度的二类以上的住宅、工厂、公共建筑工程和道桥工程，施工组织设计图、案、表齐全，结合工作需要选择有实用价值的课题。

(2)选题范围：土建工程或道路桥梁工程施工组织设计。

5. 实习/实训主要内容及其要求(可分阶段)

(1)主要内容。

1)工程概况。

2)施工准备工作计划。

3)施工布署。

4)施工现场总平面布置。

5)施工进度计划。

6)施工方案。

7)主要施工机械、设备和材料、劳动力配备。

8)安全文明施工及环境保护措施。

9)季节性施工措施。

(2)要求。

1)施工组织设计具有科学性，可以指导施工。

2)核心内容施工方案的设计在技术上可行、经济上合理，有一定的针对性。

3)毕业设计使用的标准、规范符合技术实际和国家相关政策。

4)设计计算说明书系统性(完整)、逻辑性强，文字表述清晰，插图(或 图纸)符合标准、质量高。

5)格式规范，符合毕业设计任务书要求。

6. 实习/实训成果形式

开题综述两份(开题时提供)，施工组织设计打印稿和电子稿各一份，有代表性的建筑施工图和结构施工图。

7. 实施建议

(1)实习(训)组织管理与进程安排(教学进度安排、场所安排)。

1)实习/实训时间：224学时。

2)实习/实训方式：在工地边实习边做毕业设计，在学校和工程单位技术指导老师指导下完成毕业设计。

3)实习/实训单位或场所:实习单位所在工程工地。

4)实习/实训进度安排见表 4-1。

表 4-1 实习/实训进度安排表

起讫日期	设计(论文)各阶段工作内容	备 注
第 1 周 ( )	毕业指导及参观实习	1 周
第 2~3 周 ( )	收集资料,熟悉图纸,编写开题报告	2 周
第 4~6 周 ( )	施工方案设计	3 周
第 7 周 ( ) (期中检查)	计算主要分部工程的工程量	1 周
第 8~9 周 ( )	施工进度设计	2 周
第 10 周 ( )	施工平面布置	1 周
第 11~12 周 ( )	毕业设计成果汇总	2 周
第 13 周 ( )	面批	1 周
第 14 周 ( )	毕业答辩	
注:毕业设计时间从 —— ,共计 14 周。		

(2)实习/实训指导书及主要参考书。

1)指导书与任务书:《建筑工程技术专业毕业设计指导书及任务书》,姚荣等编,2010。

2)教学参考书:

[1]姚荣,王思源. 建筑施工技术[M]. 西安:西安交通大学出版社,2013.

[2]张伟、徐淳. 建筑施工技术[M]. 2 版. 上海:同济大学出版社,2015.

[3]建筑施工手册编委会. 建筑施工手册[M]. 5 版. 北京:中国建筑工业出版社,2015.

[4]中国建筑工业出版社．现行建筑施工规范大全[M]．北京：中国建筑工业出版社，2009．

[5]彭圣浩．建筑工程施工组织设计实例应用手册(第四版)[M]．北京：中国建筑工业出版社，2016．

[6]向中富．新编桥梁施工工程师手册[M]．北京：人民交通出版社，2011．

3)各种设计和施工标准图集，现行施工及验收规范。

(3)其他资源的利用与开发。

1)筑龙论坛：http：//bbs.zhulong.com/

2)土木在线：http：//www.co188.com/

(4)实习/实训成绩评定标准与考核方法

考核方式：指导成绩占40%，评阅成绩占20%，答辩成绩占40%，分别计分，取加权平均值。

4.2 任务书

4.2.1 毕业设计(论文)的内容和要求(建筑工程方向)

1. 施工组织设计应包括的内容

用文字、图表、图例等方式详细具体地完成针对一单项工程的以下十个方面内容：

(1)工程概况。项目概况(应包括地下地上层数、层高、总高、建筑面积、基础类型、上部结构、砌体材料、装修情况的介绍)；建设场地情况；施工条件；本项目主要施工特点。

(2)施工准备工作计划。技术准备、物资准备、劳动力和组织准备、施工现场准备和施工场外准备等。

(3)施工布署。施工布署是对本项目实施的总体设想，包括工期控制、施工方案、机械选择、施工顺序、流水施工、各专业的搭接、穿插与协调等。

(4)施工现场总平面布置。施工平面布置要求用CAD画图。主要内容为：已建和拟建的地上和地下的一切房屋、构筑物及其他设施布置；机械设备布置、材料成品及半成品的堆放点、场区内临时道路、临时水电路、测量放线标桩的位置、取舍土方地点；为施工服务的一切临时设施布置等(布置完成后要计算各种功能区的占地面积，做成一览表)。

(5)施工进度计划。工程总控制进度计划、详细进度计划、班组作业计划以及配套的劳动力需要量计划、主要机械需要量计划、材料成品半成品需要量计划等。工程计划安排要以施工方案为前提，为方案的落实提供可靠的保证(作出横道图或单代号网络图)。

(6)施工方案。工程项目施工方案是整个施工组织设计的核心内容，主要应包括：工程对象应划分几个阶段进行施工，每个阶段的主要施工工艺过程，所使用的主要机械，是否划分施工段进行专业化流水以及每个阶段中的主要分部分项工程的施工方法等内容。

施工方案中应包括工程测量、土方工程、基础工程、上部结构、砌体结构、装饰工程、脚手架工程、起重机械等分部工程的应用性方案。

(7)主要施工机械、设备和材料。说明本项目所需各项施工机械、设备、材料的配置、选型、价格、供费计划和提供方式。应在文字中辅以表格形式来形象表达。

(8)劳动力配备计划。施工技术组的组成、人数、资质、工种安排及配置当地工人的数量、工种和雇用计划。应在文字中辅以表格形式来形象表达。

(9)安全文明施工及环境保护措施。安全文明施工应针对场地及道路、治安管理、卫生防疫、住宿管理、文明建设等方面介绍文明施工的具体措施。

环境保护措施方面主要针对防止大气、水、噪声污染几方面进行介绍。

(10)季节性施工措施。介绍冬期、雨期等特殊季节施工的具体措施。

2. 施工组织设计要求

(1)应针对一栋楼进行设计，要求地面以上不低于5层，每层建筑面积原则上不小于600 m^2，顶层缩层的缩层部分的建筑面积不小于300 m^2。有无地下室不限。

(2)如出现一个地下室上部两栋楼的，可针对地下室＋两栋楼进行设计，但建议指导老师不要选择该类型题目。

(3)第1部分的内容为施工组织设计的必备要件，没有特殊原因，其顺序和内容不应调整，内容调整时只可以多于规定内容，但不可少于规定内容。

(4)施工方案为设计的一项重要内容，应针对实际工程来写，要有针对性，不可泛泛而言。

(5)施工现场平面布置图与进度计划宜采用A3纸张打印，以附图的形式放在正文的后面，结语的前面。

(6)施工现场平面布置图宜采用CAD按比例出图，图中新建房屋轮廓应与设计图纸房屋轮廓对应，应包括垂直机械位置、原材料堆放地、加工场地、周转材堆场、钢筋堆场、施工道路、办公生活用房、仓库、施工围挡、冲洗台、周围环境等内容。

(7)进度计划中应包括施工方案牵涉到的所有分部工程，尤其注意要有起重机械的搭拆及脚手架搭拆的时间计划。

(8)正文应不少于A4纸张90页。

4.2.2 毕业设计(论文)的内容和要求(道桥工程方向)

1. 施工组织设计应包括的内容

用文字、图表、图例等方式详细具体地完成针对一单项工程的以下十个方面内容：

(1)工程概况。项目概况；建设场地情况；施工条件；本项目主要施工特点。

(2)施工准备工作计划。技术准备、物资准备、劳动力和组织准备、施工现场准备和施工场外准备等。

(3)施工布署。施工布署是对本项目实施的总体设想,包括工期控制、施工方案、机械选择、施工顺序、流水施工、各专业的搭接、穿插与协调等。

(4)施工现场总平面布置。施工平面布置要求用CAD画图。主要内容为:已建和拟建的地上和地下的一切房屋、构筑物及其他设施布置;机械设备布置、材料成品及半成品的堆放点、场区内临时道路、临时水电路、测量放线标桩的位置、取舍土方地点;为施工服务的一切临时设施布置等(布置完成后要计算各种功能区的占地面积,做成一览表)。

(5)施工进度计划。工程总控制进度计划、详细进度计划、班组作业计划以及配套的劳动力需要量计划、主要机械需要量计划、材料成品半成品需要量计划等。工程计划安排要以施工方案为前提,为方案的落实提供可靠的保证(作出横道图或单代号网络图)。

(6)施工方案。工程项目施工方案是整个施工组织设计的核心内容,主要应包括:工程对象应划分几个阶段进行施工,每个阶段的主要施工工艺过程,所使用的主要机械,是否划分施工段进行专业化流水,以及每个阶段中的主要分部分项工程的施工方法等内容。

施工方案中应包括便道便桥、场建设工程、路基路面工程、桥梁工程、脚手架工程、起重机械等重要工程的应用性方案。

(7)主要施工机械、设备和材料。说明本项目所需各项施工机械、设备、材料的配置、选型、价格、供费计划和提供方式。应在文字中辅以表格形式来形象表达。

(8)劳动力配备计划。施工技术组的组成、人数、资质、工种安排及配置当地工人的数量、工种和雇用计划。应在文字中辅以表格形式来形象表达。

(9)安全文明施工及环境保护措施。安全文明施工应针对场地及道路、治安管理、卫生防疫、住宿管理、文明建设等方面介绍文明施工的具体措施。

环境保护措施方面主要针对防止大气、水、噪声污染几方面进行介绍。

(10)季节性施工措施。介绍冬期、雨期等特殊季节施工的具体措施。

2. 施工组织设计要求

(1)以上内容为施工组织设计的必备要件,可以多于规定内容,但不可少于规定内容,桥梁要求中桥以上。

(2)施工方案为设计的一项重要内容,应针对实际工程来写,要有针对性,不可泛泛而言。

(3)施工现场平面布置图与进度计划宜采用A3纸张打印,以附图的形式放在正文的后面,结语的前面。施工现场平面布置图应包括总平面布置图和单个平面布置详图。

(4)进度计划中应包括施工方案牵涉到的所有分部工程,尤其注意要有起重机械的搭拆及脚手架搭拆的时间计划。

(5)正文应不少于A4纸张90页。

4.3 施工组织设计实例(建筑工程方向)

施工组织设计实例(建筑工程方向)

4.4 施工组织设计实例(道桥工程方向)

施工组织设计实例(道桥工程方向)

附 录

附录 1

扬州职业大学
YANGZHOU POLYTHCHNIC COLLEGE

毕业设计(论文)

宁波市长塘河、南余河沟通工程
桩基础工程专项施工方案

学　　院：　土木工程学院　
专　　业：　建筑工程技术　
班　　级：　××××　
姓　　名：　×××　
学　　号：　××××　
指导教师：　×××　
完成时间：　××年××月

Abstract

This paper ChangTang river, south to Ningbo more relying on communication engineering, For bored pile construction process each link studied: including the cast-in-place pile measuring unreeling, cast-in-place pile of concrete construction process, including put piles, liners embedment, mud preparation and circulation, drilling, hole cleaning and reinforcing cage as pouring concrete placing, the main construction technique and quality control points, the cast-in-place pile construction quality assurance measures, intends to introduce the cast-in-place pile in the final quality of pile testing methods and the quality of pile engineering testing results, etc. the total of the cast-in-place pile to the project, including pipeline bridge pier 20 root pile length four root, 18 meters, auto bridge pier, the pile length 16 root 49 meters, including pile machine test for taking the small car bridge strain detection is taken, the garage bridge ultrasonic inspection, etc. This paper comprehensively refers current cast-in-place pile construction standards and references materials and documents related to the above. It is drawed up the construction of special programs and outlines the advantages and disadvantages of bored piles.

Finally, the paper summaries of work. Suggestion put forward to further develop and strengthen the suggestions.

Keywords: bored piles; measuring; construction technology; detection

摘　　要

　　本文以宁波市长塘河、南余河沟通工程为依托，对钻孔灌注桩施工过程中的各个环节进行了深入的研究：包括钻孔灌注桩的测量放线、钻孔灌注桩具体施工过程，包括放桩、护筒埋设、泥浆制备与循环、钻孔、清孔、钢筋笼的安放、灌注混凝土等各主要施工工法和质量的控制要点，钻孔灌注桩的施工质量保证措施，拟在最后介绍钻孔灌注桩成桩质量检测方法和本工程成桩质量检测结果等方面。此工程共计钻孔灌注桩 20 根，其中管线桥桩 4 根，桩长 18 m，车行桥桩 16 根，桩长 49 m，其中桩机检测对于车行桥采取的是小应变检测，车行桥采取的是超声波检测等。本论文全面结合了现行钻孔灌注桩的施工等规范，并参考相关教材和文献，编制指导施工的专项方案，并概括了钻孔灌注桩的优缺点。

　　最后，对全文工作进行了小结，提出了需要进一步完善与加强的一些建议。

　　关键词：钻孔灌注桩；测量放线；施工工艺；检测

目 录

1 工程概况 ·· (1)
　1.1 工程概况 ·· (1)
　　1.1.1 工程简况 ·· (1)
　　1.1.2 现场实际情况 ·· (1)
　　1.1.3 地质条件 ·· (1)
　1.2 本工程施工组织设计编制依据 ·· (2)

2 施工总体部署 ·· (3)
　2.1 施工部署 ·· (3)
　2.2 施工场地平面布置 ·· (3)
　2.3 施工现场用电安排 ·· (3)
　2.4 拟投入的机具设备和人员计划 ·· (4)
　2.5 劳动力配置 ·· (4)

3 钻孔灌注桩的施工工艺 ·· (5)
　3.1 主要项目施工工艺 ·· (5)
　3.2 具体施工工艺 ··· (6)
　　3.2.1 测量放样的具体流程 ·· (6)
　　3.2.2 桩位定位 ·· (8)
　　3.2.3 钻机造孔 ·· (9)
　　3.2.4 一次清孔 ·· (10)
　　3.2.5 钢筋笼制作与安装 ··· (11)
　　3.2.6 二次清孔 ·· (12)
　　3.2.7 水下混凝土灌注 ·· (13)
　　3.2.8 破桩头 ·· (14)
　　3.2.9 施工要点 ·· (14)

4 钻孔灌注桩的施工质量保证措施 (15)

4.1 建立健全质量管理系统，落实质量责任制 (15)
4.2 施工准备阶段质量控制 (15)
4.3 施工过程质量控制 (16)
4.4 检测工作质量控制措施 (17)
4.5 检测试验手段 (17)
4.6 质量保证体系 (18)
4.6.1 项目经理部成立质量管理领导小组 (19)
4.6.2 成立质检部门 (19)
4.6.3 实行"三检制" (19)
4.6.4 成立工地试验小组和 QC 小组 (19)
4.6.5 创建合格工程的保证措施 (19)
4.7 主要施工管理措施 (20)
4.7.1 工程质量保证措施 (20)
4.7.2 成桩质量保证措施 (21)
4.7.3 组织保证 (22)

5 钻孔灌注桩的检测 (23)

5.1 钻孔灌注桩检测的目的 (23)
5.2 桩基检测的常用方法 (24)
5.3 本工程的桩基检测 (27)
5.3.1 低应变检测 (27)
5.3.2 高应变检测 (28)
5.3.3 超声波检测 (28)

6 安全文明施工 (30)

6.1 建立安全管理体系 (30)
6.2 主要安全技术措施 (30)
6.3 文明施工措施 (31)
6.4 环境保护措施 (31)

7 小结 (33)

参考文献 (34)

致谢 (35)

1 工程概况

1.1 工程概况

1.1.1 工程简况

江东北路桥梁为单跨桥梁,其设车行桥与管线桥,车行桥位于江东北路与长塘河交汇处,桥梁与河道斜交3°,桥梁跨径为18 m;管线桥位于车行桥两侧,桥梁跨径单跨为17.6 m,桥长为18 m。

车行桥桥梁上部:18 m板梁采用85 cm预应力混凝土空心板梁;下部结构:盖梁桥台采用单排ϕ100 cm钻孔灌注桩。ϕ100 cm灌注桩共16根,桩长为49 m。

桥面铺装下层采用粒径≥10 cmC50纤维混凝土铺装,上层采用5 cm细粒式沥青(AC—13 C)。

管线桥桥梁上部:主梁采用70号工字钢;下部结构:盖梁桥台采用单排ϕ80 cm钻孔灌注桩,ϕ80 cm钻孔灌注桩共4根,桩长为17 m。

1.1.2 现场实际情况

车行桥位于江东北路上,必须等两侧便道通车、江东北路封道后才能进行施工;管线桥位于江东北路两侧人行道外空场地上,可立即进行施工。现场临时水电可满足桥梁桩基施工需要,泥浆池可在江东北路东侧空场地上设置。

1.1.3 地质条件

(1)1—1层为杂填土:杂色,松散~稍密,主要由砖砌块建筑垃圾和生活垃圾组成,土质不均。

(2)1—2层为粉质黏土:部分地段为黏土,灰黄色,呈可塑状为主,干高度中等,中等韧性,摇震反应无,稍有光泽。

(3)2—1层为淤泥质粉质黏土:灰色,流塑,干强度中等,中等韧性,摇震反应无,稍有光泽,该层全场分布。

(4)2—2层为粉土:灰色,稍密,含少量黏性土,土质均匀,摇震反应迅速,该层场地部分缺失。

(5)2—3层为淤泥质粉质黏土：灰色，流塑，干强度中等，中等韧性，摇震反应无，稍有光泽，该层全场分布，局部为淤泥质黏土。

(6)3层为粉质黏土：黄褐色，可塑～硬塑，干强度中等，中等韧性，摇震反应无，稍有光泽，该层全场分布，局部为黏土。

(7)4层为粉质黏土：灰色，呈软塑状为主，干强度中等，中等韧性，摇震反应无，稍有光泽。

(8)5层为中砂：灰色，中密～密实，含少量黏性土，主要成分石英、长石，砂质较纯。

(9)6层为粉质黏土：蓝灰色，可塑状，干强度中等，中等韧性，摇震反应无，稍有光泽。

1.2　本工程施工组织设计编制依据

(1)宁波市城建设计研究院设计有限公司"江东区长塘河、南余河沟通工程"施工图纸。

(2)宁波华东核工业工程勘察院提供的《宁波长塘河沟通工程岩土工程勘察报告》。

(3)本工程施工组织设计。

(4)《工程测量规范》(GB 50026—2007)。

(5)《公路桥涵施工技术规范》(JTG/T F50—2011)。

(6)《城市桥梁工程施工与质量验收规范》(CJJ 2—2008)。

(7)《水工混凝土钢筋施工规范》(DL/T 5169—2013)。

(8)《钢筋焊接及验收规程》(JGJ 18—2012)。

(9)《钻孔灌注桩施工规程》(DZ/T 0155—1995)。

(10)《建筑桩基技术规范》(JGJ 94—2008)。

(11)《建筑基桩检测技术规范》(JGJ 106—2014)。

2 施工总体部署

2.1 施工部署

为满足业主工期,并根据施工现场实际情况及施工部署情况,按照总体工期,将钻孔灌注桩分为两个部分,即车行桥桥梁、管线桥桥梁。

第一部分:车行桥桥梁盖梁桥台采用单排ϕ100 cm钻孔灌注桩。ϕ100 cm灌注桩共16根,桩长为49 m。

第二部分:管线桥桥梁盖梁桥台采用单排ϕ80 cm钻孔灌注桩,ϕ80 cm钻孔灌注桩共4根,桩长为17 m。

具体部署安排见表2.1。

表2.1 灌注桩桩施工计划安排表

阶段	区段	单位	数量	计划开始日期	计划结束日期	投入机械/台	备注
一期	第一部分	根	16	2018-6-20	2018-7-8	1台打桩机	挖掘机整平场地
二期	第二部分	根	4	2018-9-20	2018-9-28	1台打桩机	

2.2 施工场地平面布置

根据交通部署及综合管线布置图,在钻孔灌注桩桩基施工时,场地仅布置临时的材料堆放、施工相关设备机械,来满足钻孔灌注桩施工的需求。

2.3 施工现场用电安排

每台桩机用电75 kW,为了保证现场两台桩机及其他机械设备施工用电,经理部在建设指挥部及供电部门协调,采用1台变压器进行供电(老变压器250 kW、新变压器400 kW)。并且在现场备用1台250 kW的发电机,防止钻孔灌注桩混凝土施工途中停电而影响钻孔灌注桩成桩质量。

2.4 拟投入的机具设备和人员计划

拟投入主要机具设备计划表见表2.2。

表2.2 主要机具设备计划表

序号	机械名称	单位	数量	规格型号
1	打桩机	台	1	全液压打桩机
2	钢护筒	套	2	每台旋挖钻2套
3	挖掘机	台	1	PC200
4	钢筋切割机	台	1	G40 A
5	潜水泵	台	1	
6	泥浆泵	台	1	
7	钢筋弯曲机	台	1	GW-40
8	电焊机	台	2	BX5

2.5 劳动力配置

劳动力配置主要是每台打桩机的劳动力配置,每台打桩机每班劳动力配置表见表2.3。

表2.3 每台打桩机劳动力配置表

序号	工种	人数/名	主要工作内容
1	值班技术人员	1	施工技术指导、质量记录
2	机长	1	指挥钻机运转、人员调度
3	钻机操作人员	1	旋挖机操作
4	垂直度观测人员	1	通过正交方向的垂线时刻监测成孔垂直度
5	普工	2	负责接拆导管、混凝土灌注作业及其他辅助工作等

3 钻孔灌注桩施工工艺

3.1 主要项目施工工艺

钻孔灌注桩施工工艺如图3.1所示。

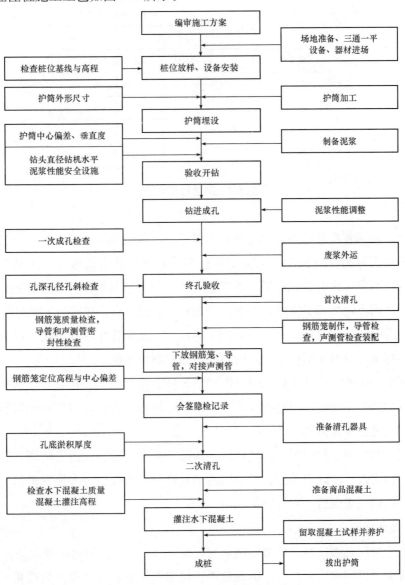

图 3.1 钻孔灌注桩施工工艺图

3.2 具体施工工艺

3.2.1 测量放样具体流程

测量放样流程如图 3.2 所示。

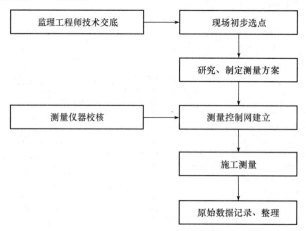

图 3.2 测量放样流程

测量放样是工程质量达到预期效果的重要环节，测量小组由具有理论与实际施工经验的测量专业人员担任组长，并配备 2 名有实际经验的测量员组成，在整个施工过程中，充分发挥测量工作的先锋作用。根据业主提供的测量基准点，进行复核无误后，在现场设立平面网点进行施工放样，经校核并做好放样记录后，报监理工程师批准。

(1)施工测量人员的准备工作。施工测量人员在接受放样任务以前，应先学习有关规范和相关标准；以对工程极端负责的精神，做好测量准备。

施工测量开始前，应仔细校阅设计图中的尺寸、高程，熟悉图纸，了解规范、标准及合同文件中的有关规定，绘制放样草图，选择正确作业方法，制订切实可行的实施方案，本工程的桩位平面图如图 3.3 所示。

所有观测数据应随测随记，严禁转抄、伪造。文字与数字应力求清晰。记录数字中尾数读错不得更改，应画去重测，对取用的已知资料，均应由两人独立进行百分之百的检查、核对，确认无误后，方可提供使用。

(2)检查全站仪。

1)检查全站仪是否在鉴定证书合格期内，确定是否为可使用的正常设备。

2)检视全站仪脚螺旋和微调等螺旋是否在初始零位置；仪器箱内量高钢尺、海拔仪和温度计等工具是否齐全。

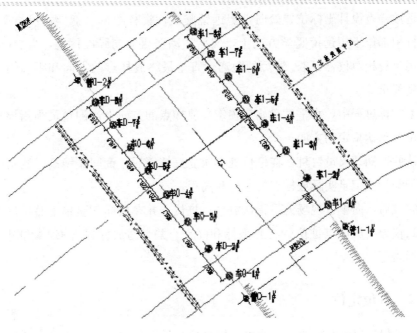

图 3.3 桩位平面图

3)在全站仪中新建项目,将已知控制点坐标和放样点设计坐标上传到全站仪的新建项目中。

(3)测量放线。到达作业现场后,打开仪器箱,在已知控制点处架设全站仪,并开机预热 2～3 分钟,查看海拔仪和温度计,读取气压和温度,并输入全站仪的指定项目中,然后开始放样。

1)输入测站点点号 A,全站仪自动提取对应已知控制点的坐标和高程,确认后量取和输入仪器高。

2)询问和输入后视点点号 B,全站仪自动提取对应已知控制点的坐标和高程,询问和输入后视点棱镜高,最后回报确认后视点点号及棱镜高。

3)望远镜瞄准后视点棱镜,然后按测量键并确认,完成测站后视定向工作。

4)定向起算边长的检核:使用全站仪内的放样功能,放样后视点 B,检查起算边长误差是否符合精度,通常实测边长与坐标反算边长的相对误差应小于 1/4 000。否则,测站点或后视点就有问题。

5)输入放样点点号,全站仪自动提取对应已知控制点的坐标和高程,并显示放样点与测站点的方向和距离。

6)将水平度盘旋转到放样点方向,并锁定水平度盘,使用望远镜粗瞄,指导司尺员到达预定放样点方向上,通知司尺员面对仪器方向向左/向右移动棱镜杆。

7)指导司尺员调整棱镜,使棱镜在望远镜视线以内,最终到达全站仪望远镜十字丝附近,然后测量距离,全站仪显示当前棱镜位置的前后偏距,并通知司尺员相对仪器延长/缩短的距离。

8)接近放样点设计坐标位置处时,望远镜瞄准棱镜杆根部,指导司尺员调整方向,使得棱镜杆根部位于望远镜竖丝方向上,然后拨动竖直方向瞄准棱镜,再次测量距离,再次通知司尺员相对仪器延长/缩短的距离,直至最终放样点的方向和距离的偏距都满足放样精度要求。

在以上放样过程中,水平度盘始终锁定在放样点的方向上,测量员须指导司尺员来调整棱镜位置到达指定的方向。

9)确认并通知司尺员钉桩,在桩位处再次立好棱镜后,询问棱镜高,测站修改棱镜高后,进行测量并记录实际放样点的坐标和高程。

放样完成后,向甲方现场人员指认放样点桩位,并在放样交验单上签字确认。回到室内从全站仪导出放样点桩位的实测坐标和高程,并编写放样报告书,如放样交验单、放样点坐标表等。

3.2.2 桩位定位

采用全站仪,以轴线控制点作测站,极坐标法进行桩位放样,通过人工开挖,埋设钢护筒固定孔位。再以轴线交会法复核桩位中心,校正护筒埋设偏差及钻机就位偏差。

(1)护筒采用厚为 4～6 mm 的钢板制作,高度为 1.0～1.5 m,上端设排浆口。

(2)护筒埋设要求:埋设时严格控制护筒中心偏差小于 2 cm,垂直度小于 0.5%。护筒定位后,要以原土对称分层回填并夯实,并在护筒壁做好孔位中心的十字线标记,以方便钻机就位造孔。同时用水准仪测出孔口护筒顶标高,作为确定造孔深度和桩顶标高的依据。

护筒埋设进度较成孔提前 2～3 个孔。

现场测量人员及时做好工程定位记录和技术复核记录,并会同业主、监理人员校核签证,方可进行桩机的定位,如图 3.4 所示。

图 3.4 桩机的定位

3.2.3 钻机造孔

(1)设备选择。针对本工程地质条件及设计的桩径情况以及桥梁桩施工的常规方法,选择 GPS-10 型 1 台,采用正循环回旋钻机造孔及导管正循环两次清孔法施工。

(2)钻机成孔工艺。电动机带动转盘,转盘带动钻杆和钻头,由钻头转动切削孔内土层,钻渣的排出由泥浆泵通过钻杆将泥浆打入孔底,形成孔内泥浆由孔底向孔口流动,再加上钻头的旋转扰动将钻渣随泥浆排出孔外,依次循环成孔。

(3)泥浆循环系统。本工程钻孔桩所用泥浆循环池、沉淀池位置根据现场灵活布置,基本位于空挡位置,钻孔桩结束及时处理。每一套泥浆循环系统各有一个泥浆池、循环池和沉淀池,之间用明沟相通,沉淀池约 15 m²,循环池约 20 m²,且各池挖深为 1.0 m 左右,地面以上部分用砖墙砌筑而成,砂浆抹面,在池边设防护栏。泥浆池上配置 3 PN 泥浆泵用于循环。旱地桩利用明沟将泥浆输至循环池,使护筒内水位保持一定的水头,且泥浆不外泄。

泥浆循环线路为:桩孔→循环池→沉淀池→泥浆池→桩孔。

施工中产生多余泥浆严禁现场直接排放,废浆和沉渣采用槽车等封闭式运输工具外运,弃至指定地点,保证不污染周边水体及环境。

(4)造孔固壁。根据对本工程地质资料的分析,地层中含有淤泥质黏土、黏土、粉质黏土,造孔可采用原土造浆护壁,泥浆循环使用。

成孔采用正循环泥浆固壁,由 3 PN 高压泥浆泵供浆,造孔时将储浆池的泥浆通过钻杆打入孔内进行钻孔护壁,排出的废浆经孔口设置的 7.5 kW 轴流泵排至集浆池,经沉淀净化后的泥浆循环使用。

造孔泥浆性能按表 3.1 中的技术指标控制。

表 3.1 泥浆性能技术指标控制

地层情况	相对密度	黏度/s	失水率 /(mL·30 min^{-1})	pH 值	含砂率/%
黏性土	1.05~1.20	16~22	<25	8~10	<4~8
砂性土及松散易坍地层	1.20~1.45	19~28	<15	8~10	<4~8

现场试验人员做好泥浆试验,并作记录,根据施工情况及时调整泥浆性能。以上方法近几年在多项桩基工程中都成功使用,对孔内固壁及清孔排渣,均收到良好效果,成孔质量优良。

(5)钻机就位。对各项准备工作包括用电线路、泥浆循环系统进行检查,确认无误后进行钻机就位,钻机就位利用钻机自身动力和滚杠,将钻机逐步移至施工孔位,复核桩位,使钻盘中心与桩中心一致,同时控制好机头钻杆的垂直度与机架平台的水平度,以保证钻孔垂直。钻机就位后,应做到平整、稳固,确保施工时不发生倾斜、移位,回旋钻机回转转盘中心与桩位中心偏差不大于 2 cm，钻杆垂直度小于 0.5%。

(6)开钻。在开始起动钻机时，先稍提钻杆，使钻头在护筒内回转打浆，同时开动泥浆泵供浆。在钻进初期，适当控制进尺，当钻头进入护筒底部附近，再采取低档慢速钻进，以期使护筒底部附近有较好的泥浆护壁。若发现护筒底部附近土质松软，甚至有少量坍孔时，则停止钻进，并提起钻头，向钻孔中倒入适量的制浆黏土和掺合料，再放下钻头作倒转，使料土胶泥挤入护筒以下 1 m 以上，而且无异常现象发生，这时即可进入正常的钻进。

(7)正常钻进。在正常钻进施工中，应根据类似工程施工经验及钻头进入土层的实际情况，认真按以下要求进行。

1)根据不同地层地质情况控制好进尺速度，在淤泥质黏土中要缓慢钻进，确保泥浆充分护壁，并反复扫孔，防止缩颈；在地质层软硬交替部位，要控制转速及钻进速度，防止孔斜，确保桩的垂直度。

2)当钻孔进入砂层时，因砂层透水性良好，含水丰富，且存在孔隙承压水，为防止坍孔及避免转速过快砂层加速液化，此时要慢速钻进，适当加大泥浆比重，必要时采用优质化学泥浆，增加泥浆的浮力及护壁能力，把孔内的砂砾及时带出孔外，能保证孔壁不坍塌。

必须遵守以上的要求方可进行钻孔的正常钻进，如图 3.5 所示。

图 3.5　钻孔的正常钻进

(8)终孔验收。当钻孔深度进入持力层达到设计要求深度时，测量孔外上余钻杆长度，以计算孔内下入钻具长度，并以测锤复测孔深，使终孔深度达到设计要求。终孔验收应在机组人员自检合格并由质检人员复验的基础上，会同业主及监理代表共同验收，并在有关施工记录上签字认可。

3.2.4　一次清孔

终孔验收合格后立即进行一次清孔。利用成孔钻具直接进行，向钻杆内加注大流量优质泥浆，进行孔内循环换浆，以清除悬浮在孔内造孔泥浆中的渣粒，减短二次清孔时间,同时慢速扫钻以扰动孔底沉渣,加快清孔速度。最后再一次复测孔深,确认沉渣小于 250 mm 后起钻,进行下一道工序施工,第一次清孔如图 3.6 所示。

图 3.6　第一次清孔

3.2.5　钢筋笼制作与安装

一次清孔完毕后从孔中取出钻具,进行下放钢筋笼,安装导管。但为了保证钢筋笼顺利下放,孔径不缩孔,应在起钻后,下放探孔器,如果探孔器不能顺利下放应重新下钻具扫孔。

(1)钢筋笼制作如图 3.7 所示。

图 3.7　钢筋笼的制作

钢筋笼制作的常规方法就是把钢筋运到现场分段制作,然后搬运到孔口,钻机起吊安装。分段制作每节钢筋笼时,主筋应校直,连接采用单面搭接焊接,相邻接头错开距离在 $30d$ 以上(d 为主筋直径),在同一断面上接头数量不得超过 50%,并符合设计要求。加强筋与主筋之间,螺旋箍筋与主筋之间应采用实点焊,焊缝长度≥$10d$,焊缝宽度≥$0.8d$,高度为 $0.3d$,要求焊缝饱满。焊条要求,HPB300、HRB335 级钢采用 J422 电焊条,HRB400 级钢采用 J502 电焊条。钢筋笼制作允许误差:

主筋间距:±10 mm;

箍筋间距：±20 mm；

钢筋笼直径：±10 mm；

钢筋笼长度：±50 mm。

(2)钢筋笼安装。

1) 分段制作好的钢筋笼，由于每段都比较重，为防止在搬运中变形，应采用吊机平吊至汽车运至孔口。

2) 在孔口安装时，起吊每节笼时，要用钻机大钩吊住上端，副钩吊住笼的下端，平吊起一定高度，再上吊大钩，慢慢放松副钩，使笼滑成垂直状态。上、下笼对接时，一定要保证笼中心垂直一致。

3) 钢筋在对接好沉放前，必须由专职质检人员和业主监理代表验收合格后才可沉放，如图3.8所示。

4) 在下放过程中一定要按规范要求每4 m在加强箍的位置对称设置4个保护层定位环，严禁少设或不设，如图3.9所示。

图3.8 钢筋笼的对接

图3.9 钢筋笼的保护层

3.2.6 二次清孔

钢筋笼安装完成后，立即下导管，进行二次清孔，如图3.10所示。

图3.10 二次清孔

(1)二次清孔的目的是为了清除在下放钢筋笼和导管后的下沉渣料和孔底淤积物,是确保灌注桩质量的一道重要工序。

(2)清孔方法:为确保本工程孔底淤积清除达到要求(≤250 mm),采用优质泥浆进行二次清孔,在清孔过程中钻机经常上下提升导管,以扰动孔底泥渣,能够缩短清孔时间,并保证能够彻底清除孔底淤积物,达到设计要求。

(3)密切观察清孔返出的泥浆情况,当返出泥浆中确实已没有沉渣颗粒,且泥浆性能已达到规范要求:泥浆比重应小于1.15;含砂率≤8%;黏度≤28S,这时分别向孔内下入测饼和测针,用测饼和测针分别测得的孔深之差即为孔底淤积厚度。保证本工程孔底淤积满足要求(≤250 mm),若未达到要求,则继续进行清孔,直至达到要求为止。

3.2.7 水下混凝土灌注

本工程水下混凝土采用商品混凝土进行灌注,保证混凝土灌注的连续性、混凝土质量的稳定性。在二次清孔结束,经业主和监理单位代表验收合格后进行水下混凝土灌注。

(1)混凝土浇筑方法采用直升导管水下混凝土灌注法,本工程选用内孔直径为ϕ250 mm的螺纹式导管,浇筑混凝土过程中,通过导管的上下窜动,能够更好地促使桩身混凝土密实均匀。导管分节长度为0.5 m、1.5 m、2.5 m,第一节底管长度大于4 m,节头由螺纹连接,节间用橡胶圈密封防水,导管总长度根据孔深和工艺要求配置。

(2)导管使用前,认真检查其完好的情况,必要时做压水试验,保证灌注混凝土时,孔内泥浆不进入导管内。

(3)导管应放置在孔内的中央位置,下放时应先放到孔底,复测孔深,然后提管30~50 cm待浇;导管下沉和拆卸有专人将拆卸实际情况记录入表格内;导管的对接如图3.11所示。

图3.11 导管的对接

(4)混凝土开浇时采用隔水栓分隔泥浆与混凝土,孔口料斗内装满混凝土,保证初灌量的前提下再开浇,以满足开浇后使导管底端埋入混凝土中1 m以上。浇筑混凝土过程中要保证混凝土灌注能连续紧凑地进行,随着混凝土面的上升,要适时提升导管和拆卸导管,导管底部一般埋入混凝土下2~6 m,不得小于2 m。

(5)初灌量计算方法:$h_1 \times \pi r^2 + \pi d^2 \times h_2$。说明:$h_1$ 为导管内混凝土面至孔内混凝土面高度,一般为(孔深$-h_2$)×灌注时泥浆比重/混凝土密度,灌注时泥浆相对密度取 1.15,混凝土密度取 2.5;h_2 为导管底口至孔底高度+导管埋深,导管底口至孔底高度一般取 0.5 m,导管最小埋深深度一般取 1 m;r 为导管半径;d 为钻孔灌注桩的半径。经计算 $\phi 800$ 钻孔桩的初灌量为 1.1 m³、$\phi 1\,000$ 钻孔桩的初灌量为 2.25 m³。因现在大都采用商品混凝土,将商品混凝土车直接开到孔口,可直接将混凝土卸入孔内,所以无论多大直径的桩应该都能满足初灌量要求。

(6)在混凝土灌注时,由专人用测绳经常测量混凝土面的上升情况,做好原始记录,及时准确绘制混凝土上升形象图,防止导管堵塞或埋管,质检人员及时监督检查钢筋笼情况,防止上浮或下沉。试验人员随机抽查混凝土坍落度(180~220 mm),检验混凝土的和易性和流动度,每根桩除商品混凝土供应公司留置试块试验外,我方试验人员应自制一到两组混凝土抗压试块,做好养护并做抗压强度试验,混凝土的浇筑如图 3.12 所示。

图 3.12 混凝土的浇筑

(7)为保证设计桩身混凝土的质量,超浇混凝土量≥1 m。
(8)混凝土充盈系数宜控制在 1.10~1.20,不宜小于 1.10 并不得小于 1.00。

3.2.8 破桩头

桩头开凿,用风镐凿除距离设计标高 20 cm 左右时,须改用人工凿除,以确保桩头质量。凿至设计标高后,清除碎屑,冲洗干净。

3.2.9 施工要点

(1)钻机就位平稳准确,确保在钻孔过程中不发生倾斜、移动。
(2)钻孔达到设计深度进行清孔,此时孔口泥浆比重应小于 1.20,含砂率≤8%、黏度≤28S。孔底沉渣厚度≤100 mm。
(3)水下混凝土浇灌应连续进行,不得停顿,导管底埋入混凝土面一般保持 2~3 m,并不得小于 1 m,严禁把导管底提出混凝土面,防止断桩。

4 钻孔灌注桩施工质量保证措施

为保证工程质量,施工前应认真学习本公司的有关质量管理制度,强化质量意识。在工程质量控制和检查过程中,要认真执行,上道工序不达标不得进入下道工序,确保技术资料和工程进度同步。

4.1 建立健全质量管理系统,落实质量责任制

明确本工程项目经理部各有关职能部门、人员在保证和提高工程质量中所承担的任务、职责和权限。

(1)项目领导班子。项目领导班子要围绕本工程质量目标,贯彻和执行工程项目责任制,确保工程质量目标的实现。

(2)项目经理。项目经理是工程质量的第一责任者,要坚持"质量第一"的方针,通过严格的质量管理工作,确保工程质量目标的实现,向业主交付符合质量标准和合同规定的工程。

(3)项目总工。项目总工负责组织编制工程质量计划,组织相关人员进行图纸会审、技术交底,加强施工监控,负责对工程关键技术和难点部位提出超前预防措施和处理质量事故中的技术问题。

(4)质量主管。质量主管负责组织物资、试验人员对工程原材料、半成品和成品的检测,并及时提供质量合格证明;负责组织工程施工质量检测和隐蔽工程验收。

(5)施工主管。施工主管负责编制施工计划安排,合理进行施工部署和安排,处理常规技术问题。在计划布置、检查生产工作时,坚持把质量放在首位。

4.2 施工准备阶段质量控制

(1)针对本工程质量目标和施工特点,对全体人员进行质量教育,提高全员质量意识。

(2)认真做好各项技术准备,针对本工程设计意图进行图纸会审,制定专项施工方案、技术交底。组织相关人员加深对本工程施工质量规范标准全面而准确的认识。

(3)做好物资、设备准备。编制物资、设备进场计划落实,保证机械设备的完好。特别重视质量检测仪器的采购和鉴定,以确保施工质量检测的准确性。

(4)施工现场准备。做好测量放线工作,划出施工范围。协助业主完成地下障碍管线的查检和改迁工作。做好施工现场平面布置及水、电、施工路的准备工作。制定好交通疏导方案和文明施工措施。

4.3 施工过程质量控制

(1)做好原材料进场检验工作。对采购的原材料必须索取质量证明,并由试验员对原材料进行抽样检测和试验。复试合格后,方可使用。对复试后不合格材料,可以采取做好明确标识,并隔离存放或由物资负责人组织更换的措施,以保证原材料的进场质量。

(2)加强检测试验工作。

1)项目经理部质量员、试验员、测量人员,应依据施工方案或合同规定的规范标准要求对每道工序实施检验和试验,并做好验证记录。

2)由项目经理部质量主管组织有关人员进行隐蔽工程的自检,在自检合格的基础上,由质量主管通知业主或其代表参加隐蔽工程验收。

3)执行验证的人员均有"质量否决权",并有权向项目总工、项目经理汇报。对不合格品执行公司有关"不合格品控制"文件。

(3)加强测量与监测控制。

1)测量员必须坚持双检复核,通过自检和互检,制定协同完成施工全过程的测量任务。

2)测量人员必须对测量成果认真记录计算,并对设置的控制点做好保护工作,定期对测量仪器进行校验和维护保养。

(4)加强技术人员施工过程中的指导和检查,使施工过程完全受控。

1)由项目总工领导下的相关技术人员必须履行《设计交底》《图纸会审》《技术交底》的有关规定,认真做好记录。

2)施工人员严格按照《专项施工方案》制定的施工方法进行操作,操作班组执行自检和互检。

3)质量主管组织质量员、试验员、测量员进行工序交接和隐检,做到不合格的工序不转序,并按规定认真记录。

(5)加强对关键工序的管理。由项目总工组织人员对本工程关键技术和难点部位提出超前预防措施。特别是对工程中质量通病进行事先预防,通过采取合理措施将质量问题消灭在萌芽状态。

(6)文件和资料的控制。

1)所有技术文件图纸按要求由资料员专人管理,受控文件必须盖受控章,分别建立台账和收发登记册。

2)存入硬盘的文件由资料员进行归档登记,为防止文件丢失,存入硬盘的文件均应有备份。

3)《施工组织设计》《专项施工方案》等技术文件必须经上级技术负责人批准后才能在施工中使用。

4.4　检测工作质量控制措施

(1)技术负责人对检测质量和报告进行审查负责并保证各项工作制度的执行。

(2)检测工作的质量保证体系有检验人员、各类管理人员负责并按照检验程序各负其责;检验人员对检测过程及原始记录、计算结果负责;技术室对检测报告的编制结论及质量制度负责;资料室对检验报告的打印发放负责。

(3)检测依据均采用相应的标准。

(4)用于检测的全部计量器具,按规定标准定期鉴定,合格后方可使用。

(5)受检单位对检测结果有异议时,有完善的处理办法。

4.5　检测试验手段

(1)建立科学、先进的试验手段,落实职责,确保工程质量。

(2)配备满足工程需要的检测试验仪器。

(3)认真落实各项管理制度,强化检测试验手段。

1)健全检测设备管理制度,建立台账并设专人管理。

2)检测设备定期鉴定,未鉴定或鉴定期已过的仪器不能投入使用。

3)建立仪器设备使用、维修管理制度,对设备损坏或认为检测精度不符合要求时,要及时进行维修。

4)文件、资料管理设专人负责,提高内务文档工作水平。

5)试验人员定期培训,提高工作责任心和业务技术水平。

(4)检测项目及要求。

1)原材料检验。对所有购进原材料的出厂合格证进行验收,组织抽样复检,检验合格的原材料才能使用。

2)混凝土施工检测。钻孔灌注桩均采用商品混凝土,对进场的预拌商品混凝土进行记录,检查原材料掺量及外加剂掺量,现场验收坍落度、和易性,并制作试块,标准养护室养护28 d龄期。

4.6 质量保证体系

本公司质量管理将采用先进的管理机制、科学的技术手段、严格的质量保证体系，按公司 ISO 9001：2010 质量保证体系运作。成立以技术负责为组长，质检负责及施工负责为副组长的全面质量管理领导小组。为工程施工提供各种技术保障措施、施工管理措施，组织控制各项质量检查标准，严格把好质量关。并主动邀请业主、监理、设计等单位的有关人员参加本工程创优领导小组，统一协调各项相关事宜，共同促进质量目标的管理。本工程质量保证体系组织机构如图 4.1 所示。

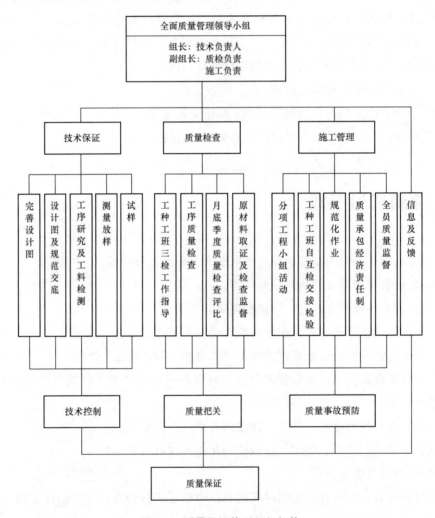

图 4.1 质量保证体系组织机构

4.6.1　项目经理部成立质量管理领导小组

质量管理领导小组由项目经理挂帅，技术负责主管、成员由项目经理部技术、质检、测量、物资供应等职能部门成员、作业班组长等组成，日常工作由质检科负责。

4.6.2　成立质检部门

质检部门具体负责质量管理工作，贯彻和执行工程质量管理制度和技术检验制度，进行项目经理部级的质量检查验收，各项检查工作必须经质检部门检查验收合格后方能提交监理工程师终检。在施工中全面贯彻"百年大计，质量第一"的方针，增强每位施工人员的质量意识。

4.6.3　实行"三检制"

严格执行班组自检、项目部施工员复检、由总公司委派的专职质检员终检的"三检制"，并由监理工程师进行抽检，层层把关，做到质量不达标准不提交验收，上道工序未经验收不得进行下道工序的施工。

4.6.4　成立工地试验小组和QC小组

(1)工地试验小组：由公司委派专业试验人员在工地负责各种原材料试验、抽检工作，对混凝土施工级配严格控制，对本工程的施工质量进行全过程监控。做到试验数据真实、准确且具有代表性。

(2)推行全面质量管理，设立 QC 小组：加强职工队伍的质量教育，提高职工队伍的质量意识和工作责任心，按工序、分阶段有计划地组织学习施工规范、操作规范，不定期地展开质量会议，并建立周例会制度，对工作中出现的质量情况进行探讨研究，提出预防措施。

(3)开展全员的质量攻关活动。为了处理好施工中的技术难点、关键部位、新工艺、新技术成立有针对性的质量攻关小组，开展广泛的提合理化建议活动，做到全员动员，群策群力，把提高施工技术水平、质量水平作为最终目标。

4.6.5　创建合格工程的保证措施

(1)原材料及施工原始记录方面。严把材料关，工程质量的优劣，原材料、成品料、半成品料的质量是关键。为确保整个工程质量达到合格，在保证材料合格率方面主要采取如下措施：

1)坚决按照本工程业主、总包、设计、监理及技术规范要求中规定的措施执行。

2)工程中使用的各种材料，全部选用优质材料，所有进场材料均应有出厂合格证或质量保证证明书，严格进行检查验收，不符合要求的材料不准进场。

3）认真做好原始记录及资料整理工作。做到资料齐全、准确、工整。工程完成后及时整理并与竣工资料一起移交业主。发生质量事故应及时报告监理工程师，不合格工程坚决返工，不留隐患。

4）在整个施工过程中，接受监理工程师对一切部位施工质量的监督和检查，包括查阅施工原始记录、复核测量成果及现场放样，并向监理工程师提供所有的试验报告、质量自检月报，主动配合建设单位和当地质检部门的监督工作，并接受省市有关部门、质量检查站的监督检查。做到有据可查，用事实说话。

5）创造良好的施工环境，经常清理施工现场，做到每周收捡一次钢筋头及其他废料。

（2）施工质量技术管理方面。

1）实行质量交底制度。严格按设计图纸、合同文件、有关现行的施工规范和质量标准制定实施措施，使施工人员都明确质量标准和技术要求、施工工艺和注意事项。

2）经常进行技术方案的研究，对施工中容易出现的通病制定预防对策及保证措施，经常检查各级质量计划的执行情况，及时反馈，及时协调，对出现质量事故坚持"三不放过"原则。

3）各工序设专人负责，认真仔细做好各项技术复核工作。

4）施工测量根据建设单位提供的测量基准点和水准点的数据经复核后，建立施工控制网，对于永久性标志桩、水准基点、三角网点及放样检验所必需的标桩，树立牢固易识别的标志并认真加以保护。

5）为保证质量总目标的实现，在施工中对不合格的材料必须废弃，并在施工中采用、推广新工艺、新技术。严格工艺要求，确保工程质量。

（3）奖惩制度：制定切实可行的质量奖罚制度，并按照各项验收情况，每月考核兑现，责任到人，奖罚分明。

（4）人员方面：配全、配足，特殊工种持证上岗。

（5）机械设备方面：配置足够数量及性能优良的设备。

4.7　主要施工管理措施

4.7.1　工程质量保证措施

（1）成孔质量保证措施。保证钻孔灌注桩质量，首先是确保桩位准确尤为重要，应采取三次定位校正措施。

1）采用经纬仪交会法定轴线，并相互复检，确认无误后，才放桩位。

2)桩位放好后,应采用经纬仪复测中心偏差,检查是否在允许范围内,若不在允许范围内应予以纠正。

3)钻机就位后,再次检测桩位是否准确无误。

(2)钻孔垂直度保证措施。

1)钻机就位后应校正转盘的水平度,检查天车、转盘中心、桩位中心是否一致,检验办法即用水平尺检查钻盘水平、钻杆垂直。

2)开钻后严格保持钻机平稳、钻杆垂直,发现钻杆倾斜应及时采取纠偏措施,回填黏土从斜孔处提上0.5 m重新扫孔。遇不良地质情况不能强钻,应针对具体情况采取不同的处理措施,确保成桩后的垂直度偏差小于1%。

(3)桩径及桩形保证措施。为防止坍孔和缩孔现象产生,在进入淤泥质土层中时,泥浆不要太浓,转速要快,钻进进尺要慢,适当重复扫孔,才能保证不缩孔。在进入砂、砂质地层中时,为保证顺利钻进成孔,应及时调整泥浆性能,泥浆要浓,相对密度要大,以便于护壁及带渣;转速要慢,不对孔壁有太大的扰动,以防坍孔。

在钻孔操作过程中,根据不同地层的钻进特点,采用相应的操作技术参数。在砂性土中钻进要适当提高钻进速度和使用性能良好的泥浆循环护壁,以防坍孔。在黏土硬塑层钻孔操作,适当提转速,放慢进尺,以防缩径。控制成桩混凝土充盈系数在1.10~1.20。

(4)孔底淤积厚度保证措施。

1)终孔后钻具一次清孔最为重要,如果第一次清孔没有到位,到第二次清孔时是没有办法达到要求的。第一次清孔,钻头在孔底搅动,并输入良好的不含渣质的浓泥浆,顶出孔中的含渣泥浆,直到孔中泥浆不含渣质为止。

2)开浇前导管二次清孔主要是清除在安装钢筋笼时孔底的沉积物,并换稀泥浆达到设计规范要求。

3)确保孔底沉积厚度≤100 mm,满足设计要求。

4)导管下放完成时,如发现导管不到位,差距很大,很可能就是钻孔深度搞错,钻孔深度不够,或者塌孔所造成的,只有取出导管及钢筋笼扫孔。

4.7.2 成桩质量保证措施

(1)钢筋笼质量保证措施。

1)进场钢筋附质量保证书,并按批次进行复检。

2)电焊工必须具备上岗证书。

3)钢筋笼尺寸按规定进行检验,合格后方准吊运,主筋接头必须保证焊接质量。施工前取小样模拟焊接,合格后焊工方可上岗操作。

4)搭接长度:单面焊≥10d,双面焊≥5d(d为钢筋笼主筋直径)。

5)钢筋制作时要标准,尤其加强劲箍与主筋一定要垂直,特别是每节钢筋笼的最上面一道加强箍。

6)在孔口安装对接时，上一节钢筋笼要垂直，严禁单边起吊，上下节钢筋笼保持一条线，再开始对接。

7)下钢筋笼出现不畅时，应当转钢筋笼，慢慢上下拉动，严禁笼上站人，强行下放，必要时拉出钢筋笼，重新扫孔，达到下钢筋笼畅通为止。

8)灌注时，一定要保证导管居中，严禁导管挂住钢筋笼。

(2)混凝土灌注质量保证措施。

1)开工前按规定对导管进行检查、试接，进行压水试验，保证其垂直度和耐压能力。

2)对预拌混凝土的原材料进行检验，严格管理，确保各项指标符合规范要求。水泥必须具备水泥出厂质量保证书。

3)商品混凝土厂方必须提供完整的出厂合格资料，本工程的桩型由于桩径过大，桩长过长，单桩混凝土浇灌量大，最大理论方量达 87 m^3 左右。为保证混凝土灌注施工的连续性，确保工程质量，在开工之前，组织有关人员对商品混凝土厂家进行考察，选择实力强、信誉好的厂家，与其签订购货合同，明确双方责任。商品混凝土厂家都有两台搅拌机组，当一台发生故障时，另一机组马上可以调用，万一碰上停电等突发情况，厂家也有自备的发电机进行发电，保证混凝土浇灌不出问题。

4)混凝土浇筑过程中由专人进行混凝土面测量和浇筑记录，确保导管埋入混凝土深度符合要求，避免发生夹泥断桩质量事故。

5)发现问题查明原因，及时采取措施进行处理。

4.7.3 组织保证

(1)工地组织并建立由各工种技术人员组成的技术管理小组和质量检验小组、现场试验室，实行三检制，对合格孔位的各项指标进行检查、验收。现场技术人员三班制 24 h 值班，严格按施工工序进行生产，坚持"质量第一""为下道工序服务"的观念，使施工每一工艺环节均处于严密监控之中。

(2)实行生产、技术、质量网络管理，专业工程师责任制，负责技术、质量。另外配备质检、测量、试验各类技术管理人员，管理内容旨在提高施工工艺和质量，对打桩实行全过程管理。

(3)认真做好各种资料的记录和整理，保证各种图纸、资料的完整准确，并按时填交。

(4)推行质量承包，引入竞争激励机制，对工程质量检查评比，严格考核，并通过完整的奖罚措施，调动施工和管理人员的积极性和责任心，实施质量否决权，从而保证工程质量和施工工期。

5　钻孔灌注桩检测

5.1　钻孔灌注桩检测的目的

目前,混凝土钻孔灌注桩是桥梁施工结构的主要形式,这主要是由于桩能将上部结构的荷载传递到深层稳定的土层中去,从而大大减少基础沉降和建筑物的不均匀沉降,是一种极为有效、安全可靠的基础形式。

采用桩基础的优点:

(1) 抗地震性能好。桩的静力特性主要研究其强度和沉降,桩的抗震性能主要决定于其刚度和稳定性,基础刚度越大抗震性能越好。

(2) 沉降量小和承载力高,桩的沉降量由三部分组成,桩身弹性压缩;桩侧摩阻力向下传递,引起桩侧土的剪切变形和桩端土体压缩变形。

(3) 可以解决特殊地基土的承载力。

(4) 施工噪声小,适用于城市改造和人口密集场地。

但是,灌注桩的成孔是在桩位处的地面下或水下完成的,施工工序多,质量控制难度大,稍有不慎就会产生断桩等严重缺陷。据统计国内外钻孔灌注桩的事故率高达 5%～10%。因此,灌注桩的质量检测就显得格外重要。

灌注桩成桩质量通常存在两个方面的问题,一方面是属于桩身完整性,常见的缺陷有夹泥、断裂、缩颈、护颈、混凝土离析及桩顶混凝土密实度较差等;另一方面是嵌岩桩,影响桩底支承条件的质量问题,主要是灌注混凝土前清孔不彻底,孔底沉淀厚度超过规定极限,影响承载力。

灌注桩的缺点:

(1) 灌注桩施工工艺比打入桩复杂,容易出现断桩、缩颈、混凝土离析和孔底虚土或沉渣过厚等质量问题。

(2) 由于钻孔桩质量不够稳定,要抽检更多数量的桩进行检验,增加检测费用。

灌注桩的质量问题与其成桩工艺密切相关,属于桩身完整性的常见质量缺陷有夹泥、断裂、缩颈、扩颈、空洞、混凝土离析等。这些缺陷产生的原因大致包括以下内容:

1)灌注混凝土过程中,导管埋入混凝土中的深度不够,致使新灌混凝土上翻,或提升导管速度过快,导致导管中翻水,造成两次灌注,使桩身形成夹泥的断裂界面。

2)孔中水头下降,对孔壁的静水压力减小,导致局部孔壁土层失稳坍落,造成混凝土桩身夹泥或缩颈。孔壁坍落部分留下的窟窿,成桩后形成护颈。

3)混凝土搅拌不均匀,或运输路径太长,或导管漏水、混凝土受水冲泡等,使粗骨料集中在一起,造成桩身混凝土离析。

由于钻孔桩在施工过程中容易产生一些缺陷,故在施工中加强管理,保证工程质量。同时加强对成桩质量进行检查,使工程在施工过程中不留隐患。桩的检验目的,一是了解其承载力;二是检验桩本身混凝土质量是否符合质量要求;三是查明桩身的完整性,查清缺陷及其位置,以便对影响桩承载力和寿命的桩身缺陷进行必要的补救,以保证工程质量,不留下事故隐患。

5.2 桩基检测常用方法

5.2.1 目前国内外常用的桩基检测方法

(1)钻芯检测法。由于大直钻孔灌注桩的设计荷载一般较大,用静力试桩法有许多困难,所以常用地质钻机在桩身上沿长度方向钻取芯样,通过对芯样的观察和测试确定桩的质量。

但这种方法只能反映钻孔范围内的小部分混凝土质量,而且设备庞大、费工费时、价格昂贵,不宜作为大面积检测方法,而只能用于抽样检查,一般抽检总桩量的3%~5%,或作为无损检测结果的校核手段。

(2)振动检测法。该法又称动测法。它是在桩顶用各种方法施加一个激振力,使桩体及桩土体系产生振动。或在桩内产生应力波,通过对波动及波动参数的种种分析,以推定桩体混凝土质量及总体承载力的一种方法。这类方法主要有四种,分别为敲击法或锤击法、稳态激振机械阻抗、瞬态激振机械阻抗法和水电效应法。

(3)超声脉冲检验法。该法是在检测混凝土缺陷的基础上发展起来的。其方法是在桩的混凝土灌注前沿桩的长度方向平行预埋若干根检测用管道,作为超声检测和接收换能器的通道。检测时探头分别在两个管子中同步移动,沿不同深度逐点测出横断面上超声脉冲穿过混凝土时的各项参数,并按超声测缺原理分析每个断面上混凝土质量。

(4)射线法:该法是以放射性同位素辐射线在混凝土中的衰减、吸收、散射等现象为基础的一种方法。当射线穿过混凝土时,因混凝土质量不同或因存在缺陷,接收仪所记录的射线强弱发生变化,据此来判断桩的质量。

目前,对钻孔灌注桩质量检测一般都采用对桩身无破损的动力检测法。灌注桩应以低应变动力检测法对桩的匀质性进行检测,检测时均应符合下列要求:

1)对各墩台有代表性的桩用低应变动测法进行检测。重要工程或重要部位的桩宜逐根进行检测。无条件采用低应变动测法检测钻孔桩的柱桩时，应须取钻取芯样法，对总根数至少3‰～5‰的桩进行检测；对于柱桩应钻到桩底0.5 m以下。

2)对质量有怀疑的桩及因灌注故障处理过的桩，均应用低应变动测法检测桩的质量。

根据作用在桩顶上动荷载能量是否使桩土之间发生一定塑性位移或弹性位移，而把动力测桩分为高、低应变两种方法。动力检测法又有高应变与低应变之分。对桩顶施加锤击，使桩身更下沉应变达到1.5～2.5 mm以上的称为高应变动测法，否则称为低应变动测法。前者对了解桩的承载力效果较好，后者对检验桩身混凝土匀质性效果较优；前者检测设备较笨重，价格昂贵，且因要求锤与桩的重量比应大于0.08～0.2，因此检测大直径、深长的灌注桩、锤的质量要求大于10 t以上，相应的吊张、搬运设备都显得笨重；后者设备较轻便，价格低些。

桩动测法的优点：

1)仪器设备轻便，检测速度快和费用较低。

2)具有静荷载试桩不具备的功能。动力试桩除了和静力试桩一样，可检测单桩承载力外，还有桩身结构完整性检测、沉桩能力分析、桩工机械监控和桩动态特性测定等功能。

3)可区分破坏模式是土的破坏还是桩身结构破坏。

4)可对工程桩进行普查。低应变法检测速度快，费用低，可对工程桩进行普遍检查，然后有针对性地对质量稍差的桩进行承载力检测，更好地保证工程质量。

5)波形拟合法不仅可得到单桩总承载力，还可进行侧阻力分布和端阻力值的估计。

5.2.2 应力反射波法

目前，在桥梁桩基检测过程中最常用的方法是应力反射波法。下面简要介绍一下应力反射波法的原理及其应用。

(1)反射波法的基本原理。反射波法源于应力波理论，基本原理是在桩顶进行竖向激振，弹性波沿着桩身向下传播。在桩身明显存在波阻抗界面(如桩底、断桩或严重离析等部位)或桩身截面积变化(如缩颈或扩颈)部位，将产生反身波。经接收、放大滤波和数据处理，可识别来自桩身不同部位的反射信息。据此计算桩身波速、判断桩身完整性和混凝土强度等级。

当桩嵌于土体中，将受到桩周土的阻尼作用，桩的动力特性满足一维波动方程。

$$\frac{\partial^2 u}{\partial x^2}=\frac{1}{c^2}\frac{\partial^2 u}{\partial t^2} \tag{5.1}$$

式中 $c^2=E/\rho$，c^2 为弹性纵波在桩中传播的速度，由材料常数 ρ 和 E 决定的，ρ 为桩的质量密度，E 为桩身材料弹性模量。

当在桩顶施加瞬时外力 $F(t)$ 时，桩内只存在下行波，波在不同的波阻抗面上发生反射。从上式中，可推导出应力波在桩体中旅行的时间及其对不同结构介质桩的纵波速度：
$$V_p = 2L/t_b \tag{5.2}$$

式中 L——桩长；

t_b——桩底反射波到达时间。

当桩身存在缺陷或断桩时，各界面反射波使曲线变得复杂，认真分析波形并选出可靠的缺陷反射时间 t，从而得到缺陷部位距桩顶的距离：

$$L = V_{pm} \times t/2 \tag{5.3}$$

式中 V_{pm}——同一工地多根已检合格桩桩身纵波速度的平均值；

t——缺陷部位距桩顶的距离。

(2)现场检测及注意事项。

1) 安装全部测试设备，并应确认各项仪器装置处于正常工作状态。

2) 在测试前应正确选定仪器系统的各项工作参数，使仪器在设定的状态下进行试验。

3) 在瞬态激振试验中，重复测试的次数应大于 4 次。

4) 在测试过程中应观察各设备的工作状态，当设备均处于正常状态，则该次测试有效。

(3)实测曲线判读解释的基本方法。由于桩身种类复杂，实测曲线判读人员的技术水平有限，实测资料解释是一项较为困难的工作。

1)缺陷存在可能性的判读。判断桩身缺陷存在与否，需分辨实测曲线中有无缺陷的反射信号，即分辨桩底反射信号，这对缺陷的定性及定量解释是有帮助的。桩底反射明显，一般表明桩身完整性好，或缺陷轻微、规模小。另外计算桩身平均波速，从而评价桩身是否有缺陷及其严重程度。此外，还应分析地层等资料，排除由于桩周土层波阻抗变化过大等因素造成的假反射现象。

2)多次反射及多层反射问题。当实测曲线中出现多个反射波时，应判别它是同一缺陷面的多次反射，还是桩间多次缺陷的多层反射，前者即缺陷反射波在桩顶面及缺陷面之间来回反射，其主要特征是反射波时间成倍增加，反射波能量有规律递减。后者往往是杂乱的，不具有上述规律性。

多次反射现象的出现，一般表明缺陷在浅部，或反射系数较大（如断桩）。它是桩顶存在严重离析或断桩的有力证据。多层反射不只表明缺陷可能有多处，而且由下层缺陷反射波在能量上的相对差异，可推测上部缺陷的性质和相对规模。

一般情况下，应力波反射法所采集的较好波形应具有以下几个特征：

①多次锤击的波形重复性好。

②波形真实反映桩的实际情况，完好桩桩底反射明显。

③波形光滑，不应含毛刺或振荡波形。

④波形最终回归基线。

(4)影响基桩质量检测波形的因素。

1)露出于桩头的钢筋对波形的影响。

2）由于灌注桩考虑到以后的承台问题，桩头均有钢筋露出，这对实测波形有一定的影响，严重时可影响反射信号的识别。

3）桩头破损对波形的影响。灌注桩头表面松散，将使弹性波能量很快衰减，从而削弱桩尖及桩底反射信号，影响波形的识别。有效途径是将松散处铲去。

4）桩的强度对波形的影响。

5）桩的龄期短，强度低，将降低应力波在混凝土中的传播速度，影响对桩长的判别。

总之，运用应力波反射法检测钻孔灌注桩的施工质量，检测速度快、费用低、便于全面普查桩的质量、判别桩的完整性和质量缺陷，是一种值得推广的方法。但是，目前低应变法推算桩的承载力的变异性较大，有的免不了用地质报告的土参数估计和检测结果相结合的办法。其中，经验估计占了相当大的因素。因此，要全面了解桩的承载力情况，只能通过静载试验来确定。

5.3 本工程桩基检测

本工程共有桩 20 根，分为管线桥和车行桥。其中，管线桥有 4 根，桩长为 17 m，管线桥的检测采用的是低应变检测，4 根桩都需要检测，车行桥 16 根，桩长为 49 m，车行桥的检测采用的是超声波检测，抽取 50% 的桩进行检测，其中低应变检测为 3 根，超声波检测为 8 根，高应变的为 2 根，管线桥的 4 根桩检测的结果都是一类桩，车行桥的 3 根低应变检测其中 2 根为一类桩，有 1 根属于二类桩，超声波检测的 8 根桩其中 5 根是一类桩，有 3 根属于二类桩，高应变的为 2 根均为一类桩。下面我们来看看具体的检测报告和结果。

5.3.1 低应变检测

低应变反射波完整性诊断方法的基本原理是根据桩的一维波动理论，利用桩顶锤击入反射波，应力波在桩身中由球面波变为平面波在桩身中往下传播，由于波阻抗的存在，在变截面处和桩尖处阻抗变化的部位所产生的反射波，反射波被桩顶所埋设的传感器所接收，人们根据所得到的时程曲线的相位、振幅、频率等特征来判别桩的波速及非完整性，利用桩身波速对桩身桩长进行校核。

本次长塘河桥梁共检测桩数 12 根，检测结果：Ⅰ类桩 11 根，占检测数的 92%。Ⅱ类桩 1 根，占检测数的 8%。本工程的低应变检测结果见表 5.1。

表 5.1 低应变检测结果

序号	桩号	桩长	桩身完整性评价	桩身质量等级
1	G0—1	16.3	桩身完整	Ⅰ

续表

序号	桩号	桩长	桩身完整性评价	桩身质量等级
2	G0—2	15.5	桩身完整	Ⅰ
3	G1—1	16.3	桩身完整	Ⅰ
4	G1—2	15.5	桩身完整	Ⅰ
5	C0—1	48.0	7.37 m处轻微缺陷	Ⅱ
6	C0—5	48.0	桩身完整	Ⅰ
7	C0—6	48.0	桩身完整	Ⅰ
8	C1—1	48.0	桩身完整	Ⅰ
9	C1—2	48.0	桩身完整	Ⅰ
10	C1—5	48.0	桩身完整	Ⅰ
11	C1—6	48.0	桩身完整	Ⅰ
12	C1—7	48.0	桩身完整	Ⅰ

5.3.2 高应变检测

基桩高应变动力检测法将桩视为一维连续线性杆件，用接近基桩极限承载力的冲击荷载取代静荷载考核桩土体系。在桩顶附近某一有代表性的截面实测桩顶截面的轴向应力和加速度的时程曲线，根据一维波动方程实测数据包含有桩身完整性和桩周土对桩的作用力波的信息，运用一维波动方程的数值解，对桩身阻抗和桩周土实行分层分段计算，从而判定单桩的极限承载力和桩身结构完整性。本工程检测的基桩，采用RS-1616K(S)型基桩动测仪进行了现场采样，室内通过专用软件包进行了拟合计算，其结果详见表5.2。

表5.2 桩动测成果表

序号	桩号	测点下桩长/m	桩径/mm	桩身完整性系数BAT/%	桩身完整性类别	单桩竖向极限承载力实测值/kN	桩顶设计承载力/T	拟合质量系数/MQ
1	0—3	47.8	1 000	100	Ⅰ	≥5 204	245	3.39
2	1—3	47.8	1 000	100	Ⅰ	≥5 233	245	3.27

本次长塘河桥梁高应变动力检测的2根基桩，检测结果均为Ⅰ类桩。

5.3.3 超声波检测

声波投射法是根据桩径大小预埋两根或两根以上的竖直、相互平行的声测导管来检测混凝土缺陷强度的一种探测方法。检测时放入发射和接收探头，通过移动两声测导管中的探头，可得到不同标高处两导管之间声波传播时间、振幅、接收波形的畸变和衰减等物理量，通过分析得到的各种声学参数来验证桩身混凝土的连续性。由于混凝土对弹性波有良好的传播性能，而外来物质(土、砂、石等)或低强度混凝土只有较低的声速和有衰减接收信号。因此，可根据这些物理量与介质的关系来判定混凝土均匀性及桩内缺陷的性质、大小和准确位置，本工程的超声波检测结果根据有关规范判定见表5.3。

表5.3 超声波检测结果汇总表

序号	桩号	桩顶标高/m	设计桩长/m	设计桩径/mm	桩身完整性评价	类别
1	0—2	0.2	48.6	1 000	桩身完整	Ⅰ
2	0—3	0.2	48.6	1 000	桩身完整	Ⅰ
3	0—4	0.2	48.6	1 000	桩身完整	Ⅰ
4	0—7	0.2	47.8	1 000	桩底0.8 m离析	Ⅱ
5	0—8	0.2	47.8	1 000	桩身完整	Ⅰ
6	1—3	0.1	48.6	1 000	桩身48～48.6 m处离析	Ⅱ
7	1—4	0.1	48.6	1 000	桩身完整	Ⅰ
8	1—8	0.1	47.8	1 000	桩底0.6 m离析	Ⅱ

本次对长塘河工程地面车行桥的8根桩进行声波透射法检测，检测结果表明：Ⅰ类桩5根，占抽检数量的62.5%；Ⅱ类桩3根，占抽检数量的37.5%。

结论：本工程的桩基进行的检测结果总体都合格，大部分的桩都是属于Ⅰ类桩，只有少数的几根属于Ⅱ类桩，无不合格的桩基，均符合国家标准。

6 安全文明施工

6.1 建立安全管理体系

成立以项目经理为第一责任人的安全生产领导小组，项目副经理负责安全管理，项目安全质量部为主要管理职能部门，设专职安全工程师，作业队设专职安全员，班组设兼职安全员跟班作业，形成自上而下的安全管理体系。

6.2 主要安全技术措施

(1)机械操作安全技术措施。

1)机械操作人员经过岗位培训，持证上岗，定机定人；吊装作业设有专人指挥；现场工作人员配备特种劳动用品，并按规定穿戴。

2)保持机械设备整齐、完好，绳索无锈蚀，磨损控制在标准范围内，并在机械上张贴对应的安全操作规程。

3)机械转动工作范围内有安全防护装置，施工作业时要看清作业现场周围环境。

4)禁止未佩戴安全帽、穿拖鞋、赤膊进入施工现场。

5)施工现场的沟和坑等必须有防护装置或明显标志。

6)施工前充分了解地质情况及有关地下构筑物及地下电源、水、煤气管道的情况，制定切实可行的施工方案和安全技术措施。

7)在架空输电线附近施工，必须严格按安全操作规程的有关规定进行施工，高压线的正下方不得停放吊机等设备。

8)现场存在安全风险源的部位应设置明显的警示标示标牌。

9)夜间施工必须配备可以满足现场施工的照明设施。

(2) 安全用电技术措施。

1)工地配电必须按 TN-S 系统设置保护接零系统，实行三相五线制，杜绝疏漏。所有接零接地处必须保证可靠的电气连接。保护线 PE 必须采用绿/黄双色线。严格与相线、工作零线相区别，严禁混用。实行三级配电二级保护，以及一闸一漏一保。

2)设置总配电箱，门向外开，配锁，并应符合下列要求：

①配电箱、开关箱应有防雨措施，安装位置周围不得有杂物，便于操作。

②由总配电箱引至工地各分配电箱电源回路，采用 BV 铜芯导线架空或套钢管埋地敷设。

3）配电箱、开关箱应统一编号，喷上危险标志和施工单位名称。

4）保护零线不得装设开关或熔断器。

5）保护零线的截面应不小于工作零线的截面，同时必须满足机械强度要求。

6）临电中的配电柜、配电箱应每天有巡查记录表。

6.3　文明施工措施

严格按《××市水利建设工地文明施工管理办法》和招标文件针对本工程的市容环卫具体要求，针对本工程特点制定如下措施：

(1) 根据既有场地实际情况合理地进行布置，设施设备按现场布置图规定设置堆放。

(2) 场内道路做硬化处理，确保畅通、平坦、整洁，现场出入口设立冲洗平台，对出场车辆进行冲洗。

(3) 场内不乱堆乱放，场地平整不积水，无散落的杂物及散物；场地排水成系统，畅通不堵。建筑垃圾必须集中堆放，及时处理。

(4) 在施工作业时，有防止尘土飞扬、泥浆洒漏、污水外流、车辆沾带泥土运行等措施。

(5) 材料堆码布局合理、安全、整洁，标设准确清晰，现场做到随用随清。

(6) 设卫生管理人员和保洁人员，落实责任制。工地设简易浴室，保证供水，保持清洁。

(7) 生活垃圾必须随时处理或集中加以遮挡，妥善处理，保持场容整洁。

6.4　环境保护措施

(1) 避免施工扬尘措施。加强建筑材料的存放管理，各类建材定点定位，禁止水泥露天堆放，并采取防尘、抑尘措施，如在大风天气对散料堆放采用覆盖防护。

运输车辆进出的主干道应定期洒水清扫，保持车辆出入口路面清洁，以减少由于车辆行驶引起的地面扬尘污染。

施工中采取有效措施控制粉尘飞扬，避免影响周围居民正常生活、道路交通安全的作业行为。施工现场应覆盖或封闭，以减少扬尘的影响，如覆盖物发生破损，及时对其进行修补。

施工现场的建筑垃圾、工程渣土临时储运场地四周设置 2 m 以上且不低于堆土高度的遮挡围栏,并有防尘、灭蝇和防污水外流等防污染措施。

禁止在人口集中地区焚烧沥青、油毡、橡胶、塑料、皮革以及其他有毒有害烟尘和恶臭气体的物资;特殊情况下需焚烧的,须报当地环境保护主管部门批准。

(2)施工噪声及振动的管理。施工现场的噪声应严格按照《建筑施工场界环境噪声排放标准》(GB 12523—2011)的规定执行。

1)施工噪声的控制。根据施工项目现场环境的实际情况,合理布置机械设备及运输车辆进出口,应安置在离居民区域相对较远的方位。

合理安排施工机械作业,高噪声作业尽可能安排在不影响周围居民及社会正常生活的时段下进行。

高噪声设备附近加设可移动的简易隔声屏,尽可能减少噪声对周围环境的影响。

离高噪声设备近距离操作的施工人员佩戴耳塞,以降低高噪声对人耳造成的伤害。

2)施工运输车辆噪声。运输车辆遵守禁鸣规定,在非禁鸣路段和时间每次按喇叭不得超过 0.5 s,连续按鸣不得超过 3 次,避免因交通堵塞而增加的车辆鸣号。运输车辆进出口保持平坦,减少由于道路不平而引起的车辆颠簸噪声和产生的振动。城市施工区域不得用高音喇叭及鸣哨进行生产指挥。

在施工作业过程中禁止从高空抛掷钢材、铁器等施工材料及工具而造成的人为噪声。

7　小结

　　本文仅对在建的××市长塘河、南余河钻孔灌注桩的施工从测量放线、施工工艺、质量的保证措施、桩机的检测等方面进行了全面的分析，通过本工程的施工，了解到随着我国交通基础设施建设的快速发展，钻孔灌注桩作为一种基础形式以其适应性强、成本适中、施工简便等特点仍将被广泛地应用于公路桥梁及其他工程领域。灌注桩属于隐蔽工程，但由于影响灌注桩施工质量的因素很多，对其施工过程每一环节都必须要严格要求，对各种影响因素都必须有详细的考虑，如地质因素、钻孔工艺、护壁、钢筋笼的上浮、混凝土的配制、灌注等。若稍有不慎或措施不严，就会在灌注中产生质量事故，小到塌孔松散、缩颈，大到断桩报废，给国家财产造成重大损失，直至影响工期并对整个工程质量产生不利影响。据1996年10月北京全国桩基动测学术交流会上统计资料表明，在被检测的灌注桩中大约有5%～10%是有缺陷的，不良地质中灌注桩缺陷率更高达14.7%；从1990—1998年所检测的桩基统计资料中表明，河南省桩基断桩率为5.6%（其他有局部缺陷的未统计）。所以，必须高度重视并严格控制钻孔灌注桩的施工质量，尽量避免发生事故及减少事故造成的损失，以利于工程的顺利进展。

　　现在的钻孔灌注桩主要是朝着大直径钻孔灌注桩方向发展。大直径灌注钻孔桩具有承载力大、刚度大、施工快、造价省的优点。国外很多采用直径2～4 m的大直径钻孔桩；而且往往采用扩孔方法，直径可达3～4 m，而在日本横滨港横断大桥跨径为460 m的钢斜拉桥的基础中，将多柱基础嵌岩扩孔至直径10 m，是目前世界最大的嵌岩直径。在连续结构，尤其是连拱或连续斜拉桥设计中，刚度起关键作用，以减少下部构造的水平位移，减少由此引起的附加内力。这时桩基水平向承载力不控制设计，而是刚度控制设计，大直径钻孔灌注桩具有非常明显的优势。

参考文献

[1] 中华人民共和国住房和城乡建设部，中华人民共和国国家质量监督检验检疫总局．GB 50007—2011 建筑地基基础设计规范[S]．北京：中国建筑工业出版社，2011．

[2] 韩玉峰．旋挖钻机施工工艺及质量监控[J]．北京：中国科技纵横，2010，16(2)：4—5．

[3] 中华人民共和国住房和城乡建设部，中华人民共和国国家质量监督检验检疫总局．GB 50202—2018 建筑地基基础工程施工质量验收标准[S]．北京：中国计划出版社，2018．

[4] 中华人民共和国住房和城乡建设部，中华人民共和国国家质量监督检验检疫总局．GB 50300—2013 建筑工程施工质量验收统一标准[S]．北京：中国建筑工业出版社，2014．

[5] 马晔，张学锋，张小江．超长钻孔灌注桩承载力性能研究与试验[M]．北京：人民交通出版社，2009．

[6] 中华人民共和国住房和城乡建设部，中华人民共和国国家质量监督检验检疫总局．GB 50026—2007 工程测量规范[S]．北京：中国计划出版社，2007．

[7] 中华人民共和国住房和城乡建设部．JGJ94—2008 建筑桩基技术规范[S]．北京：中国建筑工业出版社，2008．

[8] 张宏．灌注桩检测与处理[M]．北京：人民交通出版社，2001．

致 谢

在指导老师××老师的悉心指导下，顺利完成了整个毕业设计的编写。老师严谨的治学态度，精益求精的工作作风，诲人不倦的高尚师德，严以律己、宽以待人的崇高风范，朴实无华、平易近人的人格魅力对我影响深远。不仅使我树立了牢固的专业思想，掌握了论文写作基本的方法，还使我明白了许多待人接物与为人处世的道理。本文从选题到完成，每一步都是在他的指导下完成的，在此，谨向老师表示崇高的敬意和衷心感谢。

大学三年的生活即将结束，对于每一位老师的辛勤教导，我深表感谢。因为在他们那里学到的不仅是知识，还有许多做人的道理，每句真诚的忠告都是一种指引，这是给将要步入社会的我最珍贵的礼物，感谢曾经教导过我的老师。

同时也感谢三年为伴的同学，这段日子大家像一家人一样，相互鼓励、相互支持。面对即将到来的离别，我的内心感到一阵阵难过与酸涩。因为有你们，才让我的生活过得精彩而又充实。感谢你们三年来对我学习、生活的关心和帮助。希望同窗之间的友谊长存。

最后感谢我的父母，他们在生活上给予了我无限的关爱。在快要毕业的时候，向你们深深地说："你们的爱让我长大成熟，从而让我知道该如何去珍惜，如何去回报。你们辛苦了！

我所能做的就是不断地努力奋斗，为自己、更为对我寄予希望的人，再次感谢你们，在此向你们鞠一躬。

　　　　　　　　　　　　　　　　　　　　　　　　×××（手签名）
　　　　　　　　　　　　　　　　　　　　　　　　　年　月　日

附录2

扬州职业大学
YANGZHOU POLYTHCNIC COLLEGE

毕业设计（论文）

再生混凝土路面砖制备技术与施工方法研究
——再生混凝土路面砖成型与施工工艺

学　　院：　　　土木工程学院　　　

专　　业：　　　建筑工程技术　　　

班　　级：　　　　××××　　　　

姓　　名：　　　　蒯　青　　　　　

学　　号：　　　　××××　　　　

指导教师：　　　　×××　　　　　

完成时间：　　　××年××月

摘　要

　　试验研究了一种再生混凝土路面砖的制备方法。首先，通过正交试验进行再生混凝土路面砖配合比设计，以抗压与抗折强度作为主要性能指标，分析水泥用量、水胶比、再生粗骨料取代率等因素对再生混凝土路面砖性能的影响，运用极差分析法进行敏感性分析，再经补充试验确定再生混凝土路面砖的最优配合比。然后，研究了再生混凝土路面砖的成型方法，提出了振动成型的工艺流程图，并按该工艺流程制备出两种规格的路面砖。最后，依据《混凝土路面砖》(JC/T 446—2000)对生产出的路面砖进行了外观质量、尺寸偏差、物理力学性能检测，结果表明：按振动成型工艺生产的再生混凝土路面砖可达到标准对合格品的质量要求。

　　再生混凝土路面砖是利用再生混凝土制备而成，本文通过与现行混凝土路面砖施工方法的对比研究，结合实际工程进行了再生混凝土路面砖的铺面结构设计和施工。针对未用于生产路面砖的再生骨料(粒径6～20 mm以外的骨料)，将粗骨料应用于基层、细骨料应用于垫层，从而节省了部分天然材料，节约了资源。研究结果表明：再生混凝土路面砖施工工艺与普通混凝土路面砖施工工艺基本一致；将粒径6～20 mm以外的再生骨料用于铺设垫层、基层是可行的。

　　关键词：再生混凝土；路面砖；配合比；振动成型；施工工艺

Abstract

An experimental study on manufacturing method of recycled aggregate concrete pavement bricks was carried out. Firstly, orthogonal experiment was designed to optimize the mixture ratio by using compressive and flexural strengths as test indices. The influences on performance of recycled concrete from unit cement content, water-bind ratio, replacement ratio of recycled coarse aggregate to natural coarse aggregate and so forth were analyzed in terms of difference method. Secondly, a flow chart for manufacturing recycled aggregate concrete pavement bricks was put up based on vibro-molding process, which was used to produce two kinds of pavement bricks. Then their properties such as appearance of road quality, size bias, physical and mechanical performance were tested according to China code "Precast Concrete Paving Units" (JC/T 446-2000). The results showed the present method was reasonable.

Recycled concrete pavement bricks made of recycled aggregate concrete, the existing construction method of concrete pavement brick was been comparative study in this paper, the pavement design and construction of recycled concrete pavement bricks were carried out. With the recycled aggregate not be used for the production of recycled concrete pavement bricks (size 6 to 20 mm outside the aggregate), coarse aggregate was applied to macadam base, fine aggregate was used in bedding layer, which saving some of the natural materials and resources. The results showed that: the construction method of recycled concrete pavement brick is similar to the existing construction method of concrete pavement brick; the recycled aggregate in outside diameter of 6 to 20 mm applied to the macadam base and bedding layer is feasible.

Keywords: recycled concrete; pavement brick; mixture ratio; vibro-molding; construction technology

目 录

第1章 绪论 (1)

1.1 问题的提出及研究意义 (1)
  1.1.1 问题的提出 (1)
  1.1.2 研究的意义 (1)
1.2 国内外研究现状 (2)
1.3 本文研究的目的和研究内容 (3)
  1.3.1 本文研究的目的 (3)
  1.3.2 本文主要内容 (3)

第2章 再生混凝土路面砖成型方法研究 (4)

2.1 引言 (4)
2.2 再生混凝土路面砖配合比设计 (4)
  2.2.1 试验原材料 (4)
  2.2.2 正交试验设计 (5)
  2.2.3 试验结果及优化 (5)
2.3 再生混凝土路面砖成型工艺 (8)
  2.3.1 再生混凝土路面砖成型设备 (9)
  2.3.2 再生混凝土路面砖成型工艺流程 (9)
  2.3.3 再生混凝土路面砖成型工艺特点 (9)
  2.3.4 再生混凝土路面砖养护 (9)
  2.3.5 再生混凝土路面砖质量检测 (10)
  2.3.6 再生混凝土路面砖成型工艺控制要点 (10)
2.4 结果与讨论 (11)
2.5 本章小结 (12)

第3章 再生混凝土路面砖施工方法研究 (13)

3.1 引言 (13)
3.2 再生混凝土路面砖的特点 (13)

3.3 再生混凝土路面砖铺面结构设计 ……………………………………… (14)
 3.3.1 面层 …………………………………………………………… (14)
 3.3.2 基层 …………………………………………………………… (15)
 3.3.3 垫层 …………………………………………………………… (15)
3.4 再生混凝土路面砖路面排水 …………………………………………… (15)
3.5 再生混凝土路面砖施工工艺 …………………………………………… (16)
3.6 结果与讨论 ……………………………………………………………… (17)
3.7 本章小结 ………………………………………………………………… (17)

第4章 总结与展望 ……………………………………………………… (19)

4.1 本文总结 ………………………………………………………………… (19)
4.2 后续研究工作的展望 …………………………………………………… (19)

致谢 ………………………………………………………………………… (21)

参考文献 …………………………………………………………………… (22)

在校期间发表的论文 ……………………………………………………… (24)

第1章 绪 论

1.1 问题的提出及研究意义

1.1.1 问题的提出

混凝土是使用量最大、适用范围最广的建筑材料之一。随着我国城镇化建设的加速、建筑业在全国范围内的蓬勃发展,造成大量的废弃混凝土,总吨位约为1 300万吨[1],随着城市化进程的加快,废弃混凝土的数量还在增多。由于传统的建筑垃圾处理方式主要是运往郊外填埋,这样不仅要花费大量的运输费用,占用大量的耕地,还会造成城市郊区的环境破坏。一方面,大量可以回收再利用的废旧混凝土被白白浪费;另一方面,生产新混凝土所需大量的天然石骨料,必然要大量开山取石,造成环境的再度污染。为了解决这些问题,广大的研究者提出了"再生混凝土"的概念。2008年5月12日12时,汶川发生8.0级大地震,造成约3亿吨建筑垃圾,其中废混凝土量约为$200×10^8$ t[2],如果合理利用这些废弃混凝土将会节约大量的天然砂石。

再生骨料混凝土(RAC)简称再生混凝土,是将废弃混凝土经过破碎、筛分、清洗等处理后制备成再生混凝土骨料,用其部分或全部代替天然骨料配制而成的一种新型混凝土[3,4],再生混凝土路面砖就是使用这种新型混凝土制备而成。我国人均占有资源量少,走可持续发展的道路是必然的选择,而"再生混凝土路面砖"从一定意义上讲,正适应了可持续发展的要求。

本文研究课题以"大气环境作用下再生混凝土基于性能的设计方法与工程应用研究"课题为依托,拟进行其中的子课题"再生混凝土路面砖的成型与施工工艺研究"。

1.1.2 研究的意义

传统的混凝土路面砖使用的均为天然骨料,而天然骨料不是取之不尽、用之不竭的[5],最终必将导致我国山石资源的匮乏。利用再生混凝土生产路面砖可以节约大量的天然骨料,延缓山石的开采速度,在一定程度上保护了环境。再生混凝土路面砖的开发,是绿色混凝土的成功应用,符合我国可持续发展的战略要求。

利用再生混凝土生产再生混凝土路面砖能够完全满足世界环境组织提出的"绿色"三

项意义[6]：①节约资源、能源；②不破坏环境，更应有利于环境；③可持续发展，既可以满足当代人的需求，又不危害后代满足发展的能力。

随着社会的不断进步、人类对自然资源的珍惜与对环境保护的重视，废弃混凝土的回收利用必将成为一个发展方向，因而使其极具发展潜力。

1.2 国内外研究现状

再生混凝土的研究与应用可以追溯到"二战"后，苏联、德国、日本等国对废弃混凝土就进行了开发研究和再生利用，他们打开了再生混凝土研究与应用的大门。之后，广大的科研学者对再生混凝土开展了深入系统的研究，已召开过数次废弃混凝土再利用的专题国际会议，极大地推动垃圾废弃混凝土回收利用技术的开发研究。

由于日本国土面积小，资源相对匮乏，因此将建筑垃圾视为"建筑副产品"，十分重视废弃混凝土作为可用资源而重新开发利用。早在1977年，日本政府就制定了《再生骨料和再生混凝土使用规范》[7]，并相继在各地建立了以处理混凝土废弃物为主的再生加工厂，并制定了很多规范来保证再生混凝土的发展。可以说，日本对于废弃混凝土的利用率几乎达到了100%，已经走在世界的前沿。

荷兰也是最早开展再生混凝土研究和应用的国家之一。在20世纪80年代，荷兰制定了有关利用再生混凝土骨料制备素混凝土、钢筋混凝土和预应力混凝土的规范。

美国政府制定了《超基金法》，给再生混凝土的发展提供了法律保障。美国采用微波技术，可100%回收利用再生及沥青混凝土路面料，其质量与新拌沥青混凝土路面料相同，而成本却降低了1/3，节约了垃圾清运和处理等费用，大大减少了城市的环境污染。

丹麦于1990年颁布法规修正案允许再生骨料在适宜环境下用于某些特定结构，该修正案将回收的混凝土按强度分为2类：低于20 MPa的为1类，20~40 MPa的为2类[5]。

德国目前将再生混凝土主要用于路面，提出"混凝土中采用再生混凝土骨料的应用指南"，要求采用再生骨料配成的混凝土必须完全符合天然骨料混凝土的国家标准。

我国政府制定的中长期科教兴国战略和社会可持续发展战略，也鼓励废弃物再生技术的研究与应用，建设部将"建筑废渣综合利用"列入1997年科技成果重点推广项目。2005年我国两会又提出了"建设节能型社会，发展循环经济"。

我国再生混凝土的研究起步较晚，尚处于试验室阶段[7]，但也先后颁布了《固体废料污染环境防治法》和《城市固体垃圾处理法》等。目前，少量再生混凝土主要应用于路面、基础和非承重的结构，多数废弃混凝土尚未得到较好的再生利用。

1.3 本文研究的目的和研究内容

1.3.1 本文研究的目的

本文主要针对再生混凝土路面砖成型和施工方法进行系统研究,借助我系再生混凝土试验室,通过设计正交试验方案,对每组方案的再生混凝土试件进行性能检测,得出用于制备再生混凝土路面砖的最佳配合比。以试验室现有设备为基础,对路面砖的成型方法进行研究。将制备成型的再生混凝土路面砖在校园人行道进行铺设。通过此课题的研究,期望形成再生混凝土路面砖成型与施工工艺研究报告。

从自身角度而言,通过自己的努力与实践,将所学的专业理论知识融会贯通,与实际相结合,加强基本知识和基本技能的理解和掌握;培养自己收集、查阅资料和科学研究的能力,通过设计试验方案、方案比较、理论分析与数据处理,进一步提高撰写论文的能力。

1.3.2 本文主要内容

本文重点对再生混凝土路面砖成型方法和施工工艺进行研究,一共分为 4 章。第 1 章主要对论文课题的提出和研究意义进行了阐述,分析国内外在再生混凝土研究与应用领域的主要现状,并就本文提出研究目的。第 2 章研究了再生混凝土路面砖的材料组成、材料的各项性能和技术指标;进行了配合比设计,采用正交试验和极差分析法确定用于制备路面砖的最佳配合比;重点进行再生混凝土路面砖成型方法研究,以振动工艺自然养护成型作为路面砖的成型方法,并对达到凝期的路面砖进行了检测,得出再生混凝土路面砖成型方法研究结论。第 3 章重点研究了再生混凝土路面砖施工方法,对再生混凝土路面砖进行铺面结构设计,结合校园人行道进行施工,得出再生混凝土路面砖施工方法研究结论。第 4 章对本文作出相应的总结,提出一些建议和总结不足之处,以便在以后的工作中运用和加以改进。并且展望了再生混凝土路面砖的发展,认为再生混凝土路面砖应朝着彩色、透水性方向发展。

第2章　再生混凝土路面砖成型方法研究

2.1　引言

再生骨料混凝土(RAC)简称再生混凝土，是将废弃混凝土经过破碎、筛分、清洗等处理后制备成再生混凝土骨料，用其部分或全部代替天然骨料配制而成的一种新型混凝土[3,4]，再生混凝土路面砖就是使用这种新型混凝土制备而成。传统的混凝土路面砖使用的均为天然骨料，而天然骨料不是取之不尽、用之不竭的[5]，最终必将导致我国山石资源的匮乏。利用再生混凝土生产路面砖可以节约大量的天然骨料，延缓山石的开采速度，在一定程度上保护了环境。再生混凝土路面砖的开发，是绿色混凝土的成功应用，符合我国可持续发展的战略要求。

本文从再生混凝土路面砖的配合比设计和成型工艺两个方面进行研究，通过 $L_{16}(4^5)$ 正交试验，运用极差分析法[8]对其结果进行分析，再经优化试验确定再生混凝土路面砖最优配合比。再生混凝土路面砖的成型方法依托于试验室现有设备和条件进行成型工艺研究，并将符合要求的路面砖成品应用于校园人行道观测其使用效果。通过对再生混凝土路面砖的研究，期望能够为进一步推广、应用再生混凝土路面砖奠定一定的技术基础。

2.2　再生混凝土路面砖配合比设计

2.2.1　试验原材料

(1)水泥。泰州海螺牌32.5级复合硅酸盐水泥，其物理性能检测结果见表2.1。

表2.1　水泥物理性能检测结果

安定性	凝结时间/min		抗压强度/MPa		抗折强/MPa	
	初凝	终凝	3d	28d	3d	28d
合格	193	278	16.5	34.4	3.8	7.0

(2)粉煤灰。扬州华维Ⅱ级粉煤灰，烧失量为5.54%，细度为20.1%，含水量为0.7%。

(3)再生粗骨料。采用扬州市建筑工程公司质量检测中心的废弃混凝土试块，经颚式破碎机一级破碎[9]后，人工进行二级破碎，筛分后选取粒径为5~20 mm的骨料加热至300 ℃高温强化[10]，测得其表观密度为2 530 kg·m^{-3}，堆积密度为1 320 kg·m^{-3}，吸水率为4.2%，含水率为1.1%。

(4)天然粗骨料。采用粒径5~15 mm的碎石，含泥量为0.5%，泥块含量为0.3%，针片状含量为3%。

(5)细骨料。采用赣江出产的河砂，细度模数μ_f为2.4，级配优良，属Ⅱ区中砂，其物理性能：堆积密度为1 420~1 450 kg·m^{-3}，表观密度为2 610~2 630 kg·m^{-3}，含泥量小于3.0%，不含泥块，符合《建设用砂》(GB/T 14684—2001)[11]要求。

(6)外加剂。江苏苏博特外加剂公司生产的JM-10高效减水剂，测得其含固量为35.5%，密度为1.17 g/mL，减水率为19%。

2.2.2 正交试验设计

根据《混凝土路面砖》(JC/T 446—2000)[12]中对于合格品的要求，再生混凝土路面砖的配合比设计要达到以下要求：抗压强度不小于C_c30，抗折强度不小于$C_f3.5$，磨坑长度不大于35.0 mm，保证率为95%，坍落度要求3~5 mm。主要考察5个因数：单方水泥用量、水胶比、粉煤灰掺量、再生粗骨料取代率、砂率。每个因素取4个水平；各因素、水平见表2.2。

表2.2 正交试验因素、水平表 $L_{16}(4^5)$

水平	因素				
	A	B	C	D	E
	单方水泥用量/(kg·m^{-3})	水胶比	粉煤灰掺量/%	再生粗骨料取代率/%	砂率/%
1	320	0.33	15	25	42
2	310	0.38	20	50	39
3	300	0.43	25	75	36
4	290	0.48	30	100	33

2.2.3 试验结果及优化

(1)16组基本试验结果见表2.3，极差分析结果见表2.4。

表2.3 $L_{16}(4^5)$ 正交试验表及试验结果

试验序号	A		B		C		D		E		28 d 抗压强度/MPa	28 d 抗折强度/MPa
1	A1	320	B1	0.33	C1	15	D1	25	E1	42	39.1	6.3
2	A1	320	B2	0.38	C2	20	D2	50	E2	39	37.2	5.8
3	A1	320	B3	0.43	C3	25	D3	75	E3	36	36.6	4.8
4	A1	320	B4	0.48	C4	30	D4	100	E4	33	27.4	3.3
5	A2	320	B1	0.33	C2	20	D3	75	E4	33	30.5	3.9
6	A2	310	B2	0.38	C1	15	D4	100	E3	36	22.4	3.6
7	A2	310	B3	0.43	C4	30	D1	25	E2	39	20.0	3.6
8	A2	310	B4	0.48	C3	25	D2	50	E1	42	30.9	3.9
9	A3	300	B1	0.33	C3	25	D4	100	E2	39	42.9	4.1
10	A3	300	B2	0.38	C4	30	D3	75	E1	42	31.9	4.4
11	A3	300	B3	0.43	C1	15	D2	50	E4	33	30.7	3.6
12	A3	300	B4	0.48	C2	20	D1	25	E3	36	26.5	3.2
13	A4	290	B1	0.33	C4	30	D2	50	E3	36	34.1	4.4
14	A4	290	B2	0.38	C3	25	D1	25	E4	33	32.4	3.9
15	A4	290	B3	0.43	C2	20	D4	100	E1	42	31.8	3.4
16	A4	290	B4	0.48	C1	15	D3	75	E2	39	28.2	4.2

表2.4 28d抗压、抗折强度极差分析表

因素	A		B		C		D		E	
	抗压强度/MPa	抗折强度/MPa	抗压强度/MPa	抗折强度/MPa	抗压强度/MPa	抗折强度/MPa	抗压强度/MPa	抗折强度/MPa	抗压强度/MPa	抗折强度/MPa
K1	140.3	20.2	146.6	18.7	120.4	17.7	118.0	17.0	133.7	18.0
K2	103.8	15.0	123.9	17.7	126.0	16.3	132.9	17.7	128.3	17.7
K3	132.0	15.3	119.1	15.4	142.8	16.7	127.2	17.3	119.6	16.0
K4	126.5	15.9	113.0	14.6	113.4	15.7	124.5	14.4	121.0	14.7
k1	35.08	5.05	36.65	4.68	30.10	4.43	29.50	4.25	33.43	4.50
k2	25.95	3.75	30.98	4.43	31.50	4.08	33.23	4.43	32.08	4.43
k3	33.00	3.83	29.78	3.85	35.70	4.18	31.80	4.33	29.90	4.00
k4	31.63	3.98	28.25	3.65	28.35	3.93	31.13	3.60	30.25	3.68
R	9.13	1.20	8.40	1.03	7.35	0.5	3.73	0.83	3.53	0.82
最优水平	A1	A1	B1	B1	C3	C1	D2	D2	E1	E1
影响因数	A	A	B	B	C	D	D	E	E	C

（2）强度试验结果的点图分析。为更直观分析各因素水平的变化对再生混凝土抗压、抗折强度的影响关系，分别绘制点图，见图 2.1、图 2.2（各点数值为其平均值）。

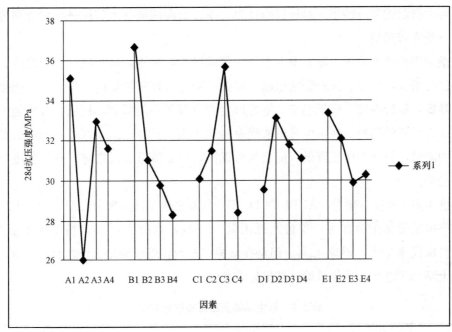

图 2.1　28d 抗压强度点图

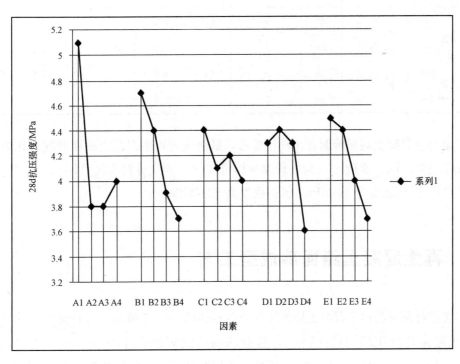

图 2.2　28d 抗折强度点图

由表 2.4 可以看出：

1）再生混凝土路面砖抗压强度影响的因素排序为：单方水泥用量→水胶比→粉煤灰掺量→再生骨取代率→砂率；对抗折强度为：单方水泥用量→水胶比→再生骨料取代率→砂率→粉煤灰掺量。

2）根据平均值 k 分析，随着单方水泥用量的减少，抗压、抗折强度也随之降低；随着水胶比的增大，抗压、抗折强度也随之降低；随着粉煤灰掺量的提高，抗压强度先提高后又降低，抗折强度呈降低趋势；随着再生骨料取代率的增加，抗压、抗折强度先提高而后一直呈降低趋势，在再生骨料取代率为 50% 时，抗压、抗折强度达到最大值；随着砂率的降低，抗压强度先降低，而后稍微提高，但总体呈降低之势，抗折强度一直处于降低趋势。

3）抗压强度最优方案为：A1 B1 C3 D2 E1；抗折强度最优方案为：A1 B1 C1 D2 E1。

最终拟定最优配合比为：单位水泥用量 320 kg，水胶比 0.33，粉煤灰掺量 25%，再生骨料取代率 50%，砂率 42%。但是在试验中发现，难以满足工作性要求，故又对再生混凝土路面砖进行了优化试验，结果见表 2.5。

表 2.5 再生混凝土路面砖优化试验

序号	单方水泥用量/kg	水胶比/%	粉煤灰掺量/%	再生骨料取代率/%	砂率/%	坍落度/mm	抗压强度/MPa		抗折强度/MPa	
							7 d	28 d	7 d	28 d
1	320	0.38	25	50	42	6.0	17	46	3.1	4.4
2	320	0.38	20	50	39	3.0	25	51	3.4	4.2
3	320	0.38	25	50	39	3.5	21	45	3.2	6.0
4	320	0.38	20	50	42	2.8	22	47	3.0	6.2

根据再生混凝土路面砖配合比设计要求，最终确定再生混凝土路面砖配合比为：单位水泥用量 320 kg，水胶比 0.38，粉煤灰掺量 25%，再生骨料取代率 50%，砂率 39%，测得其 28 d 抗压强度为 45 MPa，抗折强度为 6.0 MPa。

2.3 再生混凝土路面砖成型工艺

本文进行研究的再生混凝土路面砖为原色通体砖[12]，主要用于人行道的铺设，参照《混凝土路面砖》(JC/T 446—2000)，选取路面砖的规格尺寸为 250 mm×250 mm×50 mm、300 mm×300 mm×50 mm 两种。采用振动成型工艺自然养护而成，待 28 d 后对路面砖进行抽样检测，通过对检测结果和试验中现象的分析，总结了再生混凝土路面砖振动成型工艺中应当加以控制的质量要点。

2.3.1 再生混凝土路面砖成型设备

(1)搅拌机：HJW-30单卧轴试验混凝土搅拌机，电机功率为1.5 kW。
(2)振动台：振动频率为50 Hz±3 Hz，振动力为5～9 kN。
(3)模具：试验用模具采用木模板加工而成，模板表面光滑，拼接处严密。

2.3.2 再生混凝土路面砖成型工艺流程

(1)再生混凝土制备。将各材料按配合比要求称重后，遵循水泥裹砂石法[13]操作流程(见图2.3)依此投入搅拌机。先将全部砂、石和70%的水倒入搅拌机，搅拌10～20 s，将砂和石表面湿润，再倒入水泥、粉煤灰进行造壳搅拌20～30 s，加入剩余水，进行糊化搅拌60～80 s，最后加入减水剂，搅拌120 s。

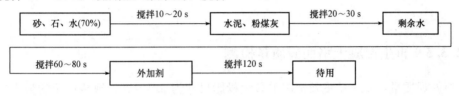

图 2.3　水泥裹砂石法操作流程

(2)装模、振动成型。将搅拌好的再生混凝土装入模具后，放上振动台振动，要求连续装料至规定高度(砖厚度50 mm)，待振动出浆后用刮板将砖面抹平。

在振动过程中采用与模具尺寸大致相当的钢板压在再生混凝土上，此操作方法有利于再生混凝土出浆；有利于控制路面砖的厚度，因为在振动力的作用下多余的再生混凝土会从钢板四周溢出。

2.3.3 再生混凝土路面砖成型工艺特点

(1)在平板式振动台上振动成型，生产工艺简单、易于操作。
(2)可改变模具样式，使得路面砖表面花式品种多样。
(3)与压制成型工艺相比，振动成型工艺节省投资，密实度好，强度高，产品裂纹少。
(4)试验中采用人工操作，消耗人力多，生产效率低。

2.3.4 再生混凝土路面砖养护

(1)带模养护。将成型后的路面砖带模置于养护室，保证平均气温高于5 ℃，并保持环境湿润，等到凝结硬化3～4 d脱模[14,15]，见图2.4。
(2)成品养护。将脱模后的路面砖放置于室外的存放场所，浇水养护28 d后方可使用。冬季生产应放置于室内养护，保证其足够的湿度、温度，见图2.5。

图 2.4 带模养护

图 2.5 成品养护

2.3.5 再生混凝土路面砖质量检测

(1)外观质量:正面粘皮及缺损的最大投影尺寸为 3.5 mm;缺棱掉角的最大投影尺寸为 11.6 mm;无裂纹和分层现象;色差不明显。

(2)尺寸偏差与物理、力学性能(抗折强度 C_f)见表 2.6。

表 2.6 尺寸偏差与物理、力学性能

技术要求	尺寸偏差/mm					物理性能		力学性能/MPa	
检测项目	长度、宽度	厚度	厚度差	平整度	垂直度	磨坑长度/mm	吸水率/%	平均值	单块最小值
检测值	1.5	2.4	2.4	1.8	1.6	29.6	5.8	4.3	3.7

按照《混凝土路面砖》(JC/T 446—2000)的检测要求,本文所研制的再生混凝土路面砖达到了合格品要求,如果采用严格的工业化生产模式,选用优质的模具,本文中所涉及的外观质量、尺寸偏差是完全可以降低甚至避免的。

2.3.6 再生混凝土路面砖成型工艺控制要点

针对试验中出现的问题,结合再生混凝土路面砖的检测结果,提出再生混凝土路面砖振动成型控制要点:

(1)应尽可能使用钢模,木模遇水膨胀,变形较大,不利于控制路面砖的尺寸和外观质量。

(2)脱模剂的涂刷要均匀、适量,不能淤积。

(3)尽量排除混合料中的气泡,使其内部结构密实,确保路面砖强度。

(4)再生混凝土在模具中均匀铺展,保证厚薄均匀,不可堆积于一处。

(5)向模具中装料要连续,避免时间间隔较长造成层间破坏。

综上所述,再生混凝土路面砖的成型工艺流程可归纳见图2.6。

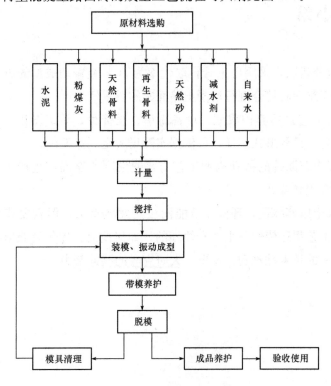

图2.6 生产成型工艺流程

2.4 结果与讨论

(1)从极差分析表中可以看出,随着粉煤灰掺量的提高,抗压强度先提高后又降低,抗折强度一直呈降低趋势,在使用中应当选择合适的掺量,否则将影响再生混凝土路面砖的性能。

(2)本文配制的再生混凝土为干硬性混凝土,出浆比较慢,振动时间必然延长,不利于再生混凝土路面砖的经济性。因而设想在保证再生混凝土路面砖性能不变的前提下将其分为基层和面层,面层的和易性要好,利于出浆抹面,同时可以利用面层生产彩色路面砖。

(3)在研究中发现部分路面砖表面易泛白,这是在路面砖生产中常见的现象,被称为泛碱[16]。其主要原因是水泥中的钙离子遇到水分子后产生$Ca(OH)_2$,$Ca(OH)_2$与空气中CO_2反应生成$CaCO_3$。为减少泛碱现象,要严格控制原材料中碱性物质的含量。

2.5 本章小结

(1)基于极差分析法，采用再生骨料取代率为50%经振动成型的再生混凝土强度满足要求，用其生产路面砖符合现行混凝土路面砖的质量标准。

(2)采用振动工艺自然养护成型，设备简单、投资少，易于操作，生产出的再生混凝土路面砖强度高；模具形式多样，可依据实际场所定制路面砖。

(3)再生混凝土路面砖的振动成型工艺与普通混凝土路面砖生产工艺基本相同，更加有利于其推广应用和普及。

(4)再生混凝土以其绿色、环保、节能而极具发展潜力，但若要获得高质量的再生骨料，其投入和工艺程序依然是很大和烦琐的。如何便捷、廉价地获取再生骨料是当前要面对和亟待解决的技术性难题，需要广大研究者的共同努力。

第3章 再生混凝土路面砖施工方法研究

3.1 引言

通过前一章的研究，对再生混凝土路面砖及其成型方法有了深入的了解，并且也利用振动成型工艺生产了大量再生混凝土路面砖。

本章通过对现行混凝土路面砖施工工艺[17~21]的研究，结合《联锁型路面砖路面施工及验收规程》(CJJ 79—1998)[22]的要求，从路面砖的铺面结构设计、基层处理、路面砖铺设到投入使用，对再生混凝土路面砖的施工方法进行全面、系统的研究，并且按照此种施工方法将制备成型的再生混凝土路面砖铺设于校园人行道，人行道长为30 m、宽为3 m，定期观测其使用效果。通过对再生混凝土路面砖施工方法研究结果的讨论，提出了自己的看法，以期能为今后的施工提供参考。

3.2 再生混凝土路面砖的特点

本文进行研究的再生混凝土路面砖为原色通体砖，主要用于人行道的铺设，路面砖的规格尺寸为250 mm×250 mm×50 mm 和 300 mm×300 mm×50 mm 两种。采用振动成型工艺自然养护而成，待28 d后对路面砖进行抽样检测，其检测结果如下：

(1)外观质量：正面粘皮及缺损的最大投影尺寸为3.5 mm；缺棱掉角的最大投影尺寸为11.6 mm；无裂纹和分层现象；色差不明显。

(2)尺寸偏差与物理、力学性能(抗折强度C_f)见表3.1。

表3.1 尺寸偏差与物理、力学性能

技术要求	尺寸偏差/mm					物理性能		力学性能/MPa	
检测项目	长度宽度	厚度	厚度差	平整度	垂直度	磨坑长度/mm	吸水率/%	平均值	单块最小值
检测值	1.5	2.4	2.4	1.8	1.6	29.6	5.8	4.3	3.7

3.3 再生混凝土路面砖铺面结构设计

再生混凝土路面砖铺面结构采用柔性结构[23]，路面结构由面层、基层、垫层组成(见图3.1)。这种结构能使作用在路面砖表面上的力通过传递和分解大部分都作用在基层上，并且路面砖之间的柔性连接能有效地抵抗因基础不均匀沉降或变形所导致的局部裂缝的产生，即使有微小的沉降或变形，也不会产生断裂性裂缝以致影响行人的通行。

图 3.1 路面结构

3.3.1 面层

面层是路面砖、填缝砂和垫砂层三者组成的结构层，直接承受路面砖上部作用力和抵抗自然因素影响，其边缘应当有约束。面层应平整、密实、坚固，在三者共同作用下铺面连锁形成拱壳，有效分散上部荷载。

(1)路面砖。原色通体路面砖(详见本文3.2所述)，原则上路面砖顶面四周应设置倒角，倒角尺寸宜为2 mm×2 mm，两块路面砖之间接缝宽度应为3 mm±1 mm，有利于接缝砂灌注和排除渗水，并且起到自然美观的装饰效果。

(2)填缝砂。路面砖之间的接缝中应用砂灌满填实，填缝砂料应为干砂，采用震动器反复振动压实至嵌缝饱满。填缝砂含泥量应小于3%，泥块含量小于1%，含水量宜小于3%。其级配应符合表3.2的要求。

表 3.2 填缝砂级配表

筛孔尺寸/mm	2.36	1.18	0.60	0.30	0.15	0.075
通过百分率/%	100	90~100	60~90	30~60	15~30	5~10

(3)垫砂层。垫砂层又叫作找平层，设在路面基层与路面砖之间，为路面砖提供一平面，主要起到吸收和缓冲路面冲击荷载并将荷载传递给基层的作用，对路面砖提供均匀的支撑，避免集中应力造成路面砖或基层的破坏。垫砂层厚度为30 mm±5 mm，砂料宜为中粗砂，通过5 mm筛孔的累计筛余量不应大于5%，含泥量应小于5%，泥块含量应小于2%，含水量宜小于3%。根据工程量大小，摊铺方法主要有刮平法、耙平法、摊铺机铺设等。其级配应符合表3.3的要求。

表 3.3 垫层砂级配表

筛孔尺寸/mm	5.0	2.5	1.25	0.63	0.3	0.075
通过百分率/%	100	95~100	50~80	10~30	5~15	0~10

3.3.2 基层

基层是路面重要承载部分，与面层一起把地面荷载分散到土基。文献[22]对基层的要求为：强度、刚度和稳定性符合设计要求；拱度与面层一致，表面平整、密实。依据《港口道路、堆场铺面设计与施工规范》(JTJ 296—1996)[23]，基层材料采用级配碎石，最大粒径不超过 40 mm（指方孔筛，如为圆孔筛可达 50 mm）；碎石中的扁平和长条颗粒的总含量不超过 20%；级配碎（砾）石所用石料的骨料压碎值不大于 30%。本文基层厚度设计为 150 mm，并将粒径 20 mm 以上符合要求的再生粗骨料应用于基层。

3.3.3 垫层

垫层为介于基层与土基之间的结构层，在土基水、温状况不良时，用以改善土基的水、温状况，提高路面结构的水稳定性和抗冻胀能力，并可扩散荷载，以减小土基变形。其主要作用是隔水、排水、防冻以改善基层和土基的工作条件。在地下水水位高、排水不良、经常处于潮湿状态和冰冻危害区域宜设置垫层[22]，垫层应具有一定的强度和较好的水稳定性，在冰冻地区尚需具有较好的抗冻性。

垫层材料宜选用粒料或无机结合料稳定土两类，粒料包括天然砂砾、粗砂、炉渣等。采用粗砂和天然砂砾时，小于 0.074 mm 的颗粒含量应小于 5%；采用炉渣时，小于 2 mm 的颗粒含量宜小于 20%，并应尽量选用当地廉价材料，垫层厚度不宜小于 15 cm。

本文垫层材料采用粗砂，部分用粒径为 0~5 mm 的再生细骨料取代，分段铺设，以观测其铺设效果；垫层设计厚度为 150 mm。

3.4 再生混凝土路面砖路面排水

再生混凝土路面砖之间紧密的接缝以及路面砖本身的渗水能力是有限的，在通常的情况下，路面砖排水是按照混凝土或沥青路面的排水系统设计的[18,21]。路面横截面排水坡度参照表 3.4 选用。当有地下排水设施时，排水坡度可取最小值，否则取偏大值。

表 3.4 横截面排水坡度

类型	坡度/%
车行道	1.5~3.0
公园道路、人行道	1.5~2.0
自行车道	0.5~1.0
停车场	0.5~1.0
堆放场	0.5~1.0

据实地调查，路面砖铺设的道路或广场，在其周边多设置明沟或者通过雨水井连通地下排水管道进行排水。本文采用排水坡度为1.5%。

3.5 再生混凝土路面砖施工工艺

根据再生混凝土路面砖铺面结构设计和现行施工规范的要求，再生混凝土路面砖施工工艺顺序可归纳为：土基处理→垫层施工→基层施工→砌筑路缘石→摊铺垫砂层→铺设路面砖→清扫填缝砂→振动碾压路面→清理路面→施工验收。

(1)土基处理。

1)根据设计图纸要求对路面进行定位及标定高程。挖掘基土，清理地基中的杂物，采用素土分层夯实。土块的粒径不得大于50 mm，每层虚铺厚度：机械压实不应大于300 mm，人工夯实不应大于200 mm，每层夯实后的干密度应符合设计要求。

2)在遇到淤泥质土及填土等软弱土层时，应按设计要求对基土进行更换或者加固。回填土的含水率应按照最佳含水率进行控制，太干的土要洒水湿润，太湿的土要晾干后使用，遇有橡皮土必须挖出更换，或将其表面挖松100~150 mm，掺入适量生石灰(其粒径小于5 mm，每平方米掺6~10 kg)[24]，然后进行夯实。

3)淤泥、腐殖层、冻土、耕植土、膨胀土和有机含量(有机含量>8%)不符合要求的，均不得用作地面下的填土。

(2)垫层施工。对土基进行复查，符合要求后将垫层材料粗细颗粒混合均匀摊铺于土基上，洒水使其表面湿润，碾压或夯实不少于三遍至不松动为止。

(3)基层施工。按设计要求均匀摊铺级配碎石在夯实的垫层上，整平后用平板振动机振实至95%以上。压实后其厚度为150 mm，在不能使用机械压实的部位，采用人工夯实。

(4)砌筑路缘石。路缘石在柔性结构路面砖路面中起到边缘约束的作用，影响到铺面结构的使用性能和寿命，所以必须稳固，可采用组合型路缘石、多向型路缘石、预制或现浇路缘石。缘石安砌后，应进行勾缝及养护，养护期不得少于3 d，此期间禁止行人或车辆碰撞。

对人行道、广场等无路缘石路面边缘部位的施工，应采用混凝土止挡法或路面砖砂浆粘结法固定路面砖。

(5)摊铺垫砂层。清理路面基层上的浮石、杂物等。采用刮板法摊铺垫层砂，工作量大时采用摊铺机进行摊铺，垫砂层厚度为10~30 mm。统一施工段应采用同一批次的砂，避免因级配、含水率的差异造成不均匀沉降。

(6)铺设路面砖。在路缘石边设定路面砖铺设的基准点，即路面砖的起始铺筑点。通过基准点，用拉线法设置两条相互垂直的铺地砖基准线，其中一条基准线与路缘石基准线夹角为 0°或者 45°，基准线即为铺设路面砖的依据。

铺设前将路面砖预先浇水，经风吹干后铺设。铺设路面砖时，不得站在垫层砂上作业，防止垫层砂横向移动，可在刚铺好的路面砖上垫一块大于 $0.3\ m^2$ 的木板，站在木板上铺设。铺设时将路面砖轻轻平放于垫层砂上，用橡胶锤捶打稳定，保证路面砖结合紧密一致。

(7)清扫填缝砂。在路面砖表面均匀撒薄薄一层填缝砂，用扫帚或板刷等工具将路面砖上的砂子扫入接缝中。

(8)振动碾压路面。铺完路面砖后，用小型振动碾压机由路边缘向中间反复振压 2～3 次，一字型铺筑时，振动机前进方向与路面砖长度方向垂直，不宜使路面砖扰动。接缝灌砂与振动反复进行，直至接缝灌满填实为止。

(9)清理路面。清扫路面，可用水冲洗 1～2 遍，保持美观效果。

(10)施工验收。再生混凝土路面砖铺设完毕后的质量验收，根据现行《联锁型路面砖路面施工及验收规程》(CJJ 79—1998)进行验收。对铺筑于人行道的再生混凝土路面砖必须满足以下质量要求：

1)路面砖外观不应有污染、空鼓、翘动、掉角及路面砖断裂等缺陷；
2)路面砖的面层质量必须控制在规范允许偏差范围之内。
3)面层与其他构筑物之间不得有积水现象。

3.6 结果与讨论

(1)经过系统的研究得出，再生混凝土路面砖铺设前应做好充分的施工准备，对于垫层砂和接缝砂因粒径和级配不同，需要分开堆放，并做好防雨措施。

(2)针对施工中遇到的特殊部位，如转弯或弧度处的细部难以处理，缝隙难以控制，合理缝隙宽度应将弯道外周控制在 6 mm 以内，弯道内周控制在 2 mm 以外[22]；管道沟及检查井周围的回填土，要作为重点控制点进行分层夯实，否则遇水浸泡，就会出现下沉；检查井周围的路面砖不得使用切断块，未铺筑的部位应用细石混凝土填补。

(3)在铺设中使用的再生骨料符合垫层、基层材料的要求，节约了部分天然材料。将未用于生产路面砖的再生骨料应用于垫层、基层，使得再生骨料的利用率趋于 100%，充分展现了再生骨料节约资源的优越性。

3.7 本章小结

(1)通过对路面砖施工工艺的研究，结合工程实例，得出再生混凝土路面砖的施工工艺与普通混凝土路面砖施工工艺基本相同,这更加有利于再生混凝土路面砖的推广和应用。

(2)在路面砖的铺设过程中,将再生细骨料用于铺设垫层,粒径 20 mm 以上的再生粗骨料用于铺设基层,合理利用了资源,节约了成本,实现社会效益和经济效益的双赢。

(3)从铺设后的效果来看,路面砖本身的质量与整体的铺设效果具有密切关系,只有选用优质的路面砖,配以科学的施工方法,工程质量才会得到很大的提高,铺设后的效果才会更加美观。

第 4 章 总结与展望

4.1 本文总结

再生混凝土路面砖是利用再生混凝土经振动成型工艺自然养护而成的一种新型路面砖。面对我国城市化进程的加快、废弃混凝土数量不断增长的现实,利用再生混凝土可以节约大量的天然碎石,符合我国的可持续发展战略。

本文从原材料、配合比、成型、施工等方面对再生混凝土路面砖做出了全面、系统的研究。通过研究给出用于生产路面砖的再生骨料最佳取代率,得出再生混凝土路面砖成型方法,提出了振动工艺自然养护成型的质量控制要点和优点。在得出结论欣喜之时,也面临着生产高品质再生骨料耗费大、工序烦琐的技术难题,需要进一步改进和完善。通过对再生混凝土路面砖铺面结构设计和施工,得出与普通混凝土路面砖基本一致的施工方法:将粒径 5~20 mm 以外的细骨料、粗骨料应用于垫层、基层,进一步提高了再生骨料的利用率。从铺面效果分析,路面砖本身的质量与整体的铺设效果具有密切关系,只有选用优质的路面砖,配以科学的施工方法,工程质量才会得到很大的提高,铺设后的效果才会更加美观。

通过对研究结果的讨论,对影响路面砖性能的材料提出了严格要求,针对部分路面砖出现的"泛碱"现象,提出相应措施。路面砖原则上应设置倒脚,但因条件所致,本文中并未做到,这是一个很大的不足之处,应当加以改进。

4.2 后续研究工作的展望

本文所研究的再生混凝土路面砖还处于试验阶段,为原色通体路面砖,并且透水性能较差。随着新一届创新团队的组建,将在已有的成果之上进行彩色、透水性再生混凝土路面砖研究。相信在老师的指导、学校的支持与同学的共同努力下,一定会取得新的成果。

同时，随着科学技术的不断发展，生产技术的不断成熟，加之广大科技工作者的刻苦攻关，以及社会对再生混凝土研究与应用的关注，相信在不久的将来，再生混凝土制品将会得到普遍的推广与应用，那样将更加具有社会和经济效益，也才能更好地促进人与自然的和谐发展。

致　　谢

　　光阴似箭，日月如梭。从去年五月份进入"再生混凝土路面砖"创新团队到今日毕业论文的完成，不经意间已一年有余。在这一年的时间里，从论文选题到搜集资料，从写稿到反复修改，其间经历了喜悦、烦躁、痛苦和彷徨，在写作论文的过程中心情是如此复杂。如今，伴随着这篇毕业论文的最终成稿，复杂的心情也随之烟消云散，自己甚至还有一点成就感。

　　在本文完成之际，特别感谢××博士和指导老师××副教授，是××博士组建了创新团队，给了我参与的机会。一年时间以来，××博士在学习、科研上一直对我悉心指导，严格要求、热情鼓励，为我创造了很多锻炼、提高的机会。××博士渊博的专业知识、宽广无私的胸怀、夜以继日的工作态度、对事业的执着追求、诲人不倦的教师风范和对问题的敏锐观察力，都将使我毕生受益。××副教授丰富的实践经验、开阔的视野和敏锐的思维给了我深深的启迪。同时，在试验中遇到砂、石等材料紧缺时，××老师总会热情帮忙，为实验的顺利完成给予了大量帮助；在论文的施工环节，老师更是百忙之中抽出时间热情指导，安排路段进行施工，在此衷心感谢。

　　我还要感谢周老师，进入实验室的第一天，周老师就给我们讲解试验机械的操作。且平时遇到些设备、电路以及材料问题，周老师总是不厌其烦地予以解决。另外，××集团质量检测中心的徐主任、梁工等，他们为材料、试件、路面砖检测提供了大量的帮助，在此衷心感谢。还要感谢建筑班的学弟、学妹们，他们在学习之余，还抽出宝贵的时间帮助我们运废弃混凝土、做试验。

　　我还要特别感谢土木工程学院全体老师对我们团队的关心与支持，是你们的支持使我们有信心继续坚持下去。

　　我要感谢团队里的所有成员，在迷茫之时，是大家的团结协作与共同努力，才会有今天的柳暗花明。

　　我要感谢那些与我朝夕相处、永远也不能忘记的朋友，你们的支持与情感，将成为我永远的财富。

　　最后，再次向我的指导老师以及在试验、论文中给予我帮助的老师、同学、朋友致以最诚挚的谢意！祝愿你们身体健康，万事如意！

×××（手签名）

××年××月××日

参考文献

[1] 林志伟,孙可伟,刘日鑫.建筑垃圾在混凝土中的再利用研究[J].科技资讯,2008,(28):62—63.

[2] 肖建庄,雷斌,王长青.汶川地震灾区建筑垃圾的资源化利用[C].首届全国再生混凝土研究与应用学术交流会论文集.中国,同济大学,2008年7月18日—19日:106—116.

[3] 肖建庄.再生混凝土[M].北京:中国建筑工业出版社,2008.

[4] M. C. Limbachiya, T. Leelawat and R. K. Dhir. Use of recycled concrete aggregate in high-strenghth concrete [J]. Material and Structures/Materiaux et Construction, 2000, 33: 574—580.

[5] 朱平华,王欣,周军,等.绿色高性能再生混凝土研究主要进展与发展趋势[C],首届全国再生混凝土研究与应用学术交流会论文集.中国,同济大学,2008年7月18日—19日:106—116.

[6] 马嵘.论再生混凝土在生态建筑中的意义[J].混凝土,2003,(10):21—23.

[7] 邓寿昌,张学兵,罗迎社.废弃混凝土再生利用的现状分析与研究展望[J].混凝土,2006(11):20—24.

[8] 朱平华,陈华建,熊桂芳,等.绿色高性能混凝土的性能研究[J].混凝土,2003,(1):19—21.

[9] 郝培文,刘红瑛.沥青路面施工质量控制与验收实务[M].北京:人民交通出版社,2007.

[10] 王智威.高品质再生骨料的生产工艺[J].混凝土,2006,(9):48—50.

[11] 中华人民共和国国家质量监督检验检疫总局.GB/T 14681—2001建筑用砂[S].北京:中国标准出版社,2001.

[12] 国家建筑材料工业局.JC/T 446—2000.混凝土路面砖[S].北京:中国建材工业出版社,2001.

[13] 郭正兴,李金根.土木工程施工[M].福建:东南大学出版社,2007.

[14] 王兴亮.光泽型彩色混凝土路面砖的生产与应用[J].生产与应用技术,2000,(4):21—23.

[15] 李相国,梁文泉,彭卫兵,等.彩色混凝土路面砖生产与施工工艺研究[J].混凝土,2002,(8):52—53.

[16] 王忠士，邓昌中，刘金彩.彩色路面砖生产质量问题分析及防治措施[J].山西建筑，2005，(6)：112－113.

[17] 岳兵.混凝土路面砖的施工技术[J].砖瓦，2003，7：30－30.

[18] 刘苏文.铺地砖路面工程设计与施工技术[J].21世纪建筑材料，2009，1(6)：57－59.

[19] 原俊杰.水泥混凝土彩砖路面铺贴施工[J].山西建筑，2004，30(3)：51－52.

[20] 陈皆福.水泥混凝土路面砖铺面的设计与施工[J].城市道桥与防洪，2004，(3)：13－15.

[21] 李维，郑光和.混凝土路面砖铺设的问题与建议[J].山西建筑，2007，33(28)：281－282.

[22] 中国建筑科学研究院.CJJ 79—1998联锁型路面砖路面施工及验收规范[S].上海：华东师范大学出版社，1998.

[23] 中华人民共和国住房和城乡建设部.CJJ 37—1990城市道路设计规范[S].北京：中国建筑工业出版社，1991.

[24] 中华人民共和国交通部[S].JTJ 296—1996港口道路、堆场铺面设计与施工规范[S].北京：人民交通出版社，1997.

[25] 姚谨英.建筑施工技术[M].北京：中国建筑工业出版社，2007.

在校期间发表的论文

[1] 蒯青,朱平华,唐慧,等.再生混凝土路面砖制备方法研究[J].混凝土,2010(10):129-132.(论文采稿见附录3)

[2] 蒯青,唐慧,金淼,等.再生混凝土路面砖施工方法研究[J].被《科技信息》录用。(论文采稿见附录4)

附录3

混凝土
concrete

稿件采用通知

蔺青:

您的论文《再生混凝土路面砖制备方法研究》,已通过审阅,拟在我刊 2010 年第 11 期发表(2010 年 11 月 27 日刊出),特此函告。感谢您对我刊的关心和支持,希望今后加强联系,继续合作。

此致

敬礼!

混凝土编辑部
2010年5月17日

地址:沈阳市和平区光荣街65号 混凝土编辑部 邮编:110006
Add: 65 Guangrong street, shenyang, China
电话:024-83860449 62123865 传真:024-83860449
E-mail:hntbjb@vip.163.com

附录4

《科技信息》编辑部

国际标准刊号：ISSN1001－9960，国内统一刊号：CN37－1021/N，邮发代号：24－72

论文采稿通知

尊敬的　蒯青　唐慧　金淼　丁峰同志　您好！

您的论文　再生混凝土路面砖施工方法研究　（编号 yq201005036），本刊已收阅。经初步审核，符合本刊发表要求。您的文章本刊计划安排在 2010 年 5 月期－2010 年 6 月期正刊发表。

联系电话：0531－88347809 总编室：0531－82601481/13927426028（短信接收）

特别提醒：

①为了使您的论文及时刊出，请尽量从银行办理汇款业务。如采取其他汇款方式，在截稿前收不到汇款而延误刊登时间，本刊不负任何责任。要从银行办理汇款，汇款后请务必将汇款反馈信息按下列格式发送 kjxx_yq@163.com 信箱；

②注意：给手机回复短信的作者，也务必回复电子邮件给本刊。否则，因此误事责任自负。

③如果您还需要书面"录用通知"，请另外约定，可以单独挂号邮寄给您。

科技信息杂志社

2010 年

参考文献

[1] 袁志文,张朝春.施工组织设计[M].北京:高等教育出版社,2005.

[2] 李辉,蒋宁生.工程施工组织设计编制与管理[M].北京:人民交通出版社,2004.

[3] 赵正印,张迪.建筑施工组织设计与管理[M].郑州:黄河水利出版社,2003.

[4] 钱昆润,葛筠圃,张星.建筑施工组织设计[M].南京:东南大学出版社,2004.

[5] 姜珂.浅谈施工组织设计编制[J].中小企业管理与科技(下旬刊),2011(10):12—15.

[6] 魏春玲,张燕.如何做好建筑工程施工项目的管理工作[J].中小企业管理与科技(上旬刊),2011(10):34—36.

[7] 刘武成.土木工程施工组织学[M].北京:中国铁道出版社,2003.

[8] 杨俊峰,武春树.施工组织设计纲要与施工组织总设计[M].北京:中国建筑工业出版社,2008.

[9] 蔡红新,陈卫东,苏丽珠.建筑施工组织与进度控制[M].2版.北京:北京理工大学出版社,2014.

[10] 傅刚辉.单位工程施工组织设计[M].北京:中央广播电视大学出版社,2008.

[11] 危道军.建筑施工组织[M].4版.北京:中国建筑工业出版社,2017.

[12] 吴鹏.关于施工组织设计发展的探索[J].林业科技情报,2011.34(4):23—26.

[13] 邓学才.施工组织设计的编制与实施[M].北京:中国建材工业出版社,2006.

[14] 张立新.土木工程施工组织设计[M].北京:中国电力出版社,2007.

[15] 张建力.浅谈施工组织设计编制[J].城市建筑,2010.61(21):9—13.

[16] 姚刚,华建民.土木工程施工技术与组织[M].重庆:重庆大学出版社,2013.

[17] 全国造价工程师职业资格考试培训教材编审委员会.建设工程造价管理(2019年版)[S].北京:中国计划出版社,2019.

[18] 中华人民共和国住房和城乡建设部,中华人民共和国国家质量监督检验检疫总局.GB 50854—2013 房屋建筑与装饰工程工程量清单计算规范[S].北京:中国计划出版社,2013.

[19] 中华人民共和国住房和城乡建设部,中华人民共和国国家质量监督检验检疫总局.GB 50500—2013 建设工程工程量清单计价规范[S].北京:中国计划出版社,2013.

[20] 江苏省住房和城乡建设厅.江苏省建筑与装饰工程计价定额[S].南京:江苏凤凰科学技术出版社,2014.

[21] 蒋晓燕.建筑工程计量与计价[M].2版.北京:人民交通出版社,2012.

[22] 周先雁,王解军.桥梁工程[M].2版.北京:北京大学出版社,2012.

[23] 中华人民共和国交通运输部. JTG 5210—2018 公路技术状况评定标准[S]. 北京：人民交通出版社，2019.

[24] 中华人民共和国住房和城乡建设部，中华人民共和国国家质量监督检验检疫总局. GB 50300—2013 建筑工程施工质量验收统一标准[S]. 北京：中国建筑工业出版社，2014.

[25] 中华人民共和国住房和城乡建设部，中华人民共和国国家质量监督检验检疫总局. GB/T 50375—2016 建筑工程施工质量评价标准[S]. 北京：中国建筑工业出版社，2017.

[26] 中华人民共和国住房和城乡建设部，国家市场监督管理总局. GB 50411—2019 建筑节能工程施工质量验收标准[S]. 北京：中国建筑工业出版社，2019.

[27] 中华人民共和国住房和城乡建设部，中华人民共和国国家质量监督检验检疫总局. GB 50202—2018 建筑地基基础工程施工质量验收标准[S]. 北京：中国计划出版社，2018.

[28] 中华人民共和国住房和城乡建设部，中华人民共和国国家质量监督检验检疫总局. GB 50203—2011 砌体结构工程施工质量验收规范[S]. 北京：中国建筑工业出版社，2011.

[29] 中华人民共和国住房和城乡建设部，中华人民共和国国家质量监督检验检疫总局. GB 50204—2015 混凝土结构工程施工质量验收规范[S]. 北京：中国建筑工业出版社，2015.